柔性制造系统生产运作与管理策略

梁 迪◎著

中国水利水电出版社
www.waterpub.com.cn
·北京·

内 容 提 要

本书介绍了中国制造业现状、发展趋势及柔性制造系统的概念、任务和特点,分析了在设计制造一体化生产环境下,柔性制造系统已从最初的强调生产过程自动化发展到以信息集成为主,其体系结构也在原来的基础上增加了生产管理模块和计划调度模块。

结合一般的车间生产管理的功能和柔性制造系统特殊的环境,分析了柔性制造系统中车间生产管理的内容,建立了车间生产管理信息系统的功能模型和信息流模型,本书还阐述了最优生产技术用于车间作业计划管理的算法与案例应用。

图书在版编目(CIP)数据

柔性制造系统生产运作与管理策略 / 梁迪著. —北京:中国水利水电出版社,2018.6(2022.9重印)
ISBN 978-7-5170-6624-8

Ⅰ. ①柔… Ⅱ. ①梁… Ⅲ. ①柔性制造系统—研究
Ⅳ. ①TH165

中国版本图书馆 CIP 数据核字(2018)第 152634 号

书 名	柔性制造系统生产运作与管理策略 ROUXING ZHIZAO XITONG SHENGCHAN YUNZUO YU GUANLI CELÜE
作 者	梁迪 著
出版发行	中国水利水电出版社 (北京市海淀区玉渊潭南路 1 号 D 座 100038) 网址:www.waterpub.com.cn E-mail:sales@waterpub.com.cn 电话:(010)68367658(营销中心)
经 售	北京科水图书销售中心(零售) 电话:(010)88383994、63202643、68545874 全国各地新华书店和相关出版物销售网点
排 版	北京亚吉飞数码科技有限公司
印 刷	天津光之彩印刷有限公司
规 格	170mm×240mm 16 开本 11.5 印张 206 千字
版 次	2018 年 10 月第 1 版 2022 年 9 月第 2 次印刷
印 数	2001—3001 册
定 价	57.00 元

前　言

　　21世纪世界各国制造业都面临不断变化和全球化的市场竞争环境,竞争的核心主要是以知识经济为基础的新产品竞争。为了提高综合竞争力,制造企业必须要以最快的时间(Time)、最好的质量(Quality)、最低的成本(Cost)和最优的服务(Service)来满足不同类型顾客对产品的多样化需求。面对如此激烈的市场竞争,近年来制造业持续地将制造技术与飞速发展的信息技术、自动化技术、现代管理技术以及系统工程技术等有机地结合起来,逐步形成了新一代的"先进制造技术(Advanced Manufacturing Technology,AMT)"。今天,AMT已经成为提高制造业的柔性、稳健性和敏捷性的关键技术,推动着制造业进入信息化、集成化、自动化、智能化、敏捷化新的历史时期。

　　随着中国经济的发展,特别是提出"中国制造2025"以后,中国的经济结构也正发生着深刻变化,中国正向着"制造强国"与"中国智造"的方向大踏步迈进,自动化及其他高科技的应用正在迅速发展。因此,对自主知识产权的创新设计、先进制造工艺和装备及现代化管理等方面知识的需求越来越多。在全球化的竞争背景下,中国制造业的持久竞争优势和持续发展,仅仅依靠劳动力成本低是不够的,企业持久的竞争优势和持续发展的源泉是不断的企业创新。

　　管理创新作为企业创新的一个重要方面,对中国制造企业发展具有重要的意义。一个国家如果没有企业管理创新机制和现代化的企业管理体系,就不可能产生具有国际竞争力的现代制造业。实际上,以管理信息化为主要创新内容的企业管理创新,如制造资源计划、企业资源计划、供应链管理、柔性制造等,被认为是现代制造业企业竞争制胜的利器。因此,制造业的企业管理创新状况和管理信息化水平,对中国能否实现从制造业大国到制造业强国转变具有决定性的影响。

柔性制造系统作为一类复杂的人造系统,具有复杂性、递阶结构、不确定性、多目标、多约束、多资源相互协调等特点。目前,柔性制造系统在多品种、中小批量生产中的应用不仅大幅度地实现了生产效率的提升,而且满足了多变的市场需求。但是,柔性制造系统是一项高风险、高投资的制造技术,为了使制造系统的生产效率能够达到最大化,就必须对该系统的生产运作与管理策略进行优化。

按目前全球制造业的发展趋势,2020 年中国制造的份额将会变得非常大,我们需要有自己的生产运作与管理模式。希望读者们能够通过本书的内容,结合我国制造企业的特点构建更优的生产运作与管理策略,为我国成为真正的世界制造强国贡献一份力量。

在本书的写作过程中,参阅和借鉴了大量的相关书籍和论文,在此谨向这些书籍和论文的作者表示诚挚的感谢。

由于时间仓促,书中难免存在不妥之处,恳请专家与广大读者批评指正。

作　者

2018 年 5 月

目　录

第 1 章　现代制造企业管理导论

1.1　中国制造业现状及发展趋势

中国制造业是新中国成立以来经济空前发展的主要贡献者,没有中国制造业的发展就没有今天中国人民的现代物质文明。中国制造业作为中国人民衣、食、住、行可享用产品的载体和国家安全所需产品的提供者,在人民生活和国家安全中起着非常重要的作用,没有制造能力的民族是没有竞争力的民族,是不能抵御外来侵略而任人宰割的民族,因此,制造业的兴衰关系到国家的国际竞争力和国家安全的大事。

机械制造业是制造业最主要的组成部分,是为用户创造和提供机械产品的行业,包括机械产品开发、设计、制造、流通和售后服务全过程。在整个制造业中,机械制造业占有特别重要的地位。因为机械制造业是国民经济的装备部,它以各种机器设备供应和装备国民经济的各个部门,并使其不断发展。国民经济的发展速度,在很大程度上取决于机械制造工业技术水平的高低和发展速度。

机械制造业是一个传统的行业,目前已经过了很多年的发展,也积累了丰富的理论和实践经验。我国的机械制造业起步较晚,而且存在底子薄、面临受其他国家技术封锁等难题。但是,新中国成立后,我国建立了自己独立的、门类齐全的,包括轻工业、重工业等在内的机械制造业,取得了举世瞩目的成就。根据工信部统计的数据显示,截至 2015 年,我国装备制造业年产值规模突破 20 万亿元,占全球比重超过三分之一,稳居世界首位;年发电设备装机容量超过 1.2 亿千瓦,约占全球总量的 60%;造船完工量 4534 万载重吨,占全球比重 41%;汽车产量 2211.7 万辆,占全球比重 25%;机床产量 95.9 万台,占全球比重 38%。如今中国已经迈入制造大国行列,制造业规模在世界上已名列前茅,并且全球制造业竞争力指数排名稳居世界第一。但是,与工业发达国家相比较,还存在很大的差距。主要表现为产品质量和技术水平不高,具有自主知识产权的产品少,而且制造技术及工艺落后,结构不够合理,技术创新能力落后。在先进制造技术和生产管理等方面,也存在一定的差距。但整体来看,中国的机械制造业取得了不可否认的成就,为经济社会的发展做出了巨大的贡献。

1.1.1 中国制造业现状

以下几个方面是机械制造业的重要组成部分,我们通过分析比较来了解中国制造业的现状。

1. 基础设备

在机械制造业中,机床、刀具、夹具、检测仪器等设备的先进程度在很大程度上决定了加工水平。美、日、德等制造业发达国家拥有先进的制造设备,享有垄断的先进技术优势,占领世界市场制高点。我国制造技术和工艺装备较为落后,世界领先技术掌握较少。高档数控机床、大型成套装备技术有待提高。

2. 制造工艺

产品质量的高低,很大程度上取决于产品的制造工艺。工业发达国家较广泛地采用高精密加工、精细加工、微细加工、微型机械,以及微米或纳米技术、激光加工技术、电磁加工技术、超高速加工技术、复合加工技术等新型加工技术。而这些新型的加工技术在我国的普及率并不高,从而使得我们的工艺水平提高受到限制。

3. 自动化技术

自动化程度的高低,决定了制造企业的生产效率和市场竞争力。工业发达国家普遍采用柔性制造系统、计算机集成制造系统,实现了柔性自动化、智能化、集成化。我国多数企业处于单机自动化、刚性自动化阶段,柔性制造单元和系统仅在少数企业使用,有待进一步发展。

4. 生产管理

现代化的科学管理体系对于提升企业管理水平、人员素质等具有明显的促进作用。工业发达国家广泛采用准时生产、柔性制造、精益生产、并行工程等新的管理理念。美国、西欧诸国、日本等国家的机械工业企业管理专业化水平能够达到 75%～95%。我国大多数企业中存在重视生产技术、轻视管理技术;重视硬件建设、轻视软件建设;重视信息化、轻视集成化管理等问题。企业专业化管理水平较低,国际市场开拓能力较弱。多数企业管理较为粗放,专业化管理水平仅为 15%～30%。

5.核心技术

核心技术是一个企业的核心价值所在,具有难以模仿的特点,是企业能够长久立足的关键。美国、日本对外技术依存度约为 5%左右,一般发达国家这一比率也在 30%以下。我国对外技术依存度高达 50%,关键技术自给率低,占固定资产投资 40%左右的设备投资中,有 60%以上要靠进口来满足。但也有像奇瑞汽车等企业成功研发的 ACTECO 发动机使得我国汽车行业开始获得技术利润的案例。

6.国家的宏观方针政策

国家的宏观方针政策对提升企业的科技实力和创新能力能够起到促进和引导作用。发达国家为了保持机械工业的市场竞争力,加大了科技投入的力度。一些大企业的科技开发费用占到其销售额的 4%～8%,甚至 10%以上。我国科技投入占 GDP 比重较低,虽然经过多年发展,这一比重已经由 1998 年的 0.69%提升至如今的 2%以上,但这一比率仅为发达国家的1/4,仍需进一步提高。

7.自主创新及人才培养

人才是自主创新的核心,企业技术创新能力的高低直接影响产品的开发周期。欧美等国家的高层次人才在国际一级科学组织中占据了多数席位;美国“三方专利”授权数超过了 5 万件。虽然我国人才总体规模已达1.5亿,但高层次人才十分短缺;“三方专利”授权数约 2 万件,全球排名第三,但仍不足美国、日本的一半。

8.高、精、尖技术的开发相对薄弱

高、精、尖技术在未来的国际竞争中具有重大的作用。比如:用于海洋资源开发的水下作业装备;用于高、精、尖设备制造的超精密加工装备;面向IT 等产业的集成电路制造关键装备;微机电系统以及集高技术于一身的仿人形机器人等。由于国外的技术封锁,只能引进一般设备和一般技术,核心技术很难引进,因而,我国制造业只能靠自己的研究才能掌握核心技术,只有自力更生才能发展。

1.1.2　中国制造业发展趋势

我国加入 WTO 已有十几年的时间,制造业迅猛发展。然而,面对全球

制造业的产能不断扩大、劳动力成本上升、产品同质化竞争激烈、利润率下降、消费者需求更加苛刻等难题,我国制造业未来的发展趋势如何呢?

1.走向智能化

装备制造业为国民经济和国防建设提供技术保障,是制造业的核心组成部分,是国民经济发展特别是工业发展的基础。建立起强大的装备制造业,是提高中国综合国力,实现工业化的根本保证。经过多年发展,我国装备制造业已经形成门类齐全、规模较大、具有一定技术水平的产业体系,成为国民经济的重要支柱产业。

我国已经成为装备制造业大国,但产业大而不强、自主创新能力薄弱、基础制造水平落后、重复建设和产能过剩等问题依然突出。智能制造系统最终要从以人为主要决策核心的人机和谐系统向以机器为主体的自主运行转变。例如发展智能化产品;生产过程的自动化、智能化;发展工业自动控制技术和产品(如传感元件、自动化仪表、PLC 控制系统、数控系统等)、远程监控、检测、诊断等。

2. 打造自主品牌

近年来,我国钢铁、采矿、水泥、石化等行业的高速发展,不断推动着相关装备制造业自主创新能力的提升。但也存在着企业自主创新动力不足,为电力、石化、冶金、铁路等行业提供的主要装备、关键技术仍依赖国外引进。用于新产品、新工艺和新技术研发的投入不足,原创性技术成果少,具有自主知识产权的产品少。产、学、研、用结合不紧密,产业共性应用技术研发缺位,公共试验检测平台缺乏,社会科技成果转化率低。基础制造水平滞后,长期以来为整机和成套设备配套的轴承、液气密元件、模具、齿轮、弹簧、粉末冶金制品、紧固件等基础件,泵、阀、风机等通用件,工业自动化控制系统、仪器仪表等测控部件,质量和可靠性不高,品种规格不全;特种原材料长期依赖进口;铸造、锻造、焊接、热处理、表面处理等基础工艺落后,专业化程度低,部分行业产能过剩矛盾突出。如不及时加以调控,不仅将使企业陷入生产经营困难,还将影响产业自主创新和结构调整的步伐。这些问题已经成为制约制造业打造自主品牌的瓶颈,也促使着我国制造业向着自主创新,不断打造自主品牌的方向发展。

3. 转向服务型制造

过去十几年,中国装备制造业已经局部达到了世界先进水平,然而在未来十年,中国装备制造业需要由生产型制造向服务型制造转变,大力发展包括系统设计、系统成套、工程承包、设备租赁、远程诊断服务、回收再制造等现代的制造服务业,这样才能跻身真正的世界制造业强国,面对一系列的挑战。事实证明,中国制造企业重构商业模式、向服务业转型有两条路可走,一是提供基于产品的增值服务,从总体上提升客户的产品拥有体验;二是提供脱离产品的专业服务,利用企业在研发、供应链、销售等运营方面的优势,为其他企业提供专业服务。

服务制造是在服务业和制造业不断融合的背景下应运而生的,它包括基于制造的服务和面向服务的制造两个方面。尤其值得一提的是制造与服务的深度结合,一大关键因素是企业本身要具有核心产品或者说核心能力,围绕核心产品或者核心能力进行创新,与服务业相结合,才能取得更好的发展。只有围绕着企业的核心产品,客户才认可其整体解决方案。因此,"服务制造"对于中国制造业由大到强、实现产业结构的转型具有积极的意义。

4. 制造业的信息化

信息技术与中国制造业的融合朝着深度、广度大力推进。信息化与工业化融合推进的重点包括发展智能工具、构建数字企业、实现节能减排、促进转型升级、做强信息产业、催生新兴产业等六个方面。制造业与信息技术、高新技术融合,亦能够促进传统制造业向现代制造业转型与升级。

中国的制造业信息化已经发展到了共性和个性全面共同促进的阶段。面向诸多的企业,系统集成商、社会中介机构、服务实施单位利用共性的平台和每一个企业的个性结合起来组织实施,以此产生良性互动以推动我国信息化的发展。未来,集成与协同将是制造业信息化技术发展的主旋律。如何来实现呢? 在空间跨度上,从企业的集成到企业间的集成,走向企业间产业链、企业集团甚至跨国集团这种基于企业业务系统的集成;在时间跨度上,从侧重于产品的设计和制造过程,走到了产品全生命周期的集成过程;在集成和协同的重点上,从多年来以信息共享为集成的重点,走到了过程集成的阶段,正在向知识与智能发展的集成阶段迈进。在集成和协同的关键技术方面,现阶段企业很多都集中精力在单元技术的应用方面,从发展的角度,会由这些单元技术产品通过集成平台,形成企业的信息集成平台系统,并朝着企业综合能力平台发展。

5. 企业管理创新

管理创新是企业生存发展的动力,中国企业管理受到诸多复杂因素的影响。中国几千年的历史文化积淀,西方管理文化的精髓都以不同的形式不同程度地影响着中国企业管理。中国企业管理创新,就是要不断采纳科学管理的新观念、新方法。要改变中国企业管理者的小农意识、封建思想，就是要用市场经济的规范取代计划经济的禁锢，就是要在民主、科学、创新的旗帜下调动人的积极性、发挥人的潜能，实施高效、科学、人性化的管理。在知识经济的浪潮中，从理念、决策、战略、组织结构、人本管理等五个方面开展企业管理创新，整合中西管理文化的精华，探索中国特色的现代化管理模式，在实际工作中，根据自身的具体情况找出自己所应抓住的突破口或重点，全面推动企业管理创新。

1.2　现代制造企业的科学管理

如前所述，要提升我国制造业的综合实力，必须进行技术创新和管理创新。管理创新能力的提升依赖于科学的管理理论，诸如先进的企业管理模式和现代科学管理技术等。

1.2.1　现代企业管理理论

现代管理理论产生于 19 世纪末 20 世纪初。此后，随着科学技术的飞速发展，管理理论也不断发展创新。大致经历了古典管理理论、行为科学管理理论和现代管理理论三个阶段。现代管理理论的出现和发展速度之快、影响之大，在人类历史上并不多见。在不到 100 年的时间里，管理改变了世界上发达国家的社会与经济的组织形式，创造了一种全球经济，并为全球经济一体化中各国的国际分工做了协调管理，形成各种规则。

1. 科学管理的特征

科学管理是能够最有效地满足企业持续发展、实现企业社会和经济目标最大化的控制体系、系统组织和技术手段。科学管理不仅是一门研究市场、研究如何战胜竞争对手、研究人与物关系的理论，也是一项随着市场变化而不断更新和需要系统学习的理论。其主要特征如下。

1）科学管理是专业化与规范化的实用技术管理，区别于经验式管理。管理专业化的结果，必然要求管理的规范化，否则企业就会内部职责不清，组织运行效率低下。规范化是一组制度，它规定了每个人在企业中的行为准则，既要遵守一定的程序来达到既定的质量、数量目标，同时又使每个人能明确地知道其他人的行为反应，保证企业整个活动过程的确定性和有序性。

2）科学管理必须能最大限度地满足企业盈利与发展目标的要求。企业的基本目标是利润的最大化。因此,盈利是衡量企业经营管理是否科学的一个重要标志。不追求盈利,再"科学"的管理也是毫无意义的。与盈利目标同样重要的企业的另一个目标是社会发展目标。它的核心思想是促进和实现人的全面发展。科学管理要以人为中心,通过发挥人的积极性来激发组织的活力,提高企业的效益。因此,盈利目标与发展目标是科学管理的综合体现。

3）科学管理是可以传授的系统性知识。作为一种可以传授的系统性的知识,科学管理产生了两个极为重要的结果:一是确立了科学管理;二是使企业管理成为一种可以继承、发展的技能,从根本上摆脱了过去企业由于主要依靠少数领导人及其经验而在管理者更替时经常出现的经营危机,从而有效地提高了企业的发展能力。

4）科学管理应当是适宜的、有效的组织技术手段。科学管理是一个相对的、动态的概念,因而它必须适应企业的发展和实际情况。组织的发展要求管理的创新,如在建立现代企业制度过程中就必须建立相应的治理机构,企业的领导、决策和监督体制等都应进行根本性变革;企业发展多种经营,进行跨行业的投资,也要求企业在组织机构、授权关系、财务控制、生产组织等方面进行相应的变革。

2.科学管理的主要技术

现代制造业的科学管理技术离不开工业工程体系下的主要管理手段,诸如价值工程、成组技术、计划评审技术、物料需求计划、管理信息系统、制造资源计划、准时制生产、最优化技术、约束理论、全面质量管理、柔性制造系统、计算机集成制造系统,以及业务流程重组、企业资源计划、精益生产、敏捷制造等。

（1）物料需求计划

物料需求计划（Material Requirement Planning,MRP）是由美国著名生产管理和计算机应用专家欧·威特和乔·伯劳士在对多家企业进行研究后提出来的。其基本原理是根据产品的交货期,展开出零部件的生产进度日程与原材料、外购件的需求数量和需求日期,即将产品出产计划转换成物料需求表,并为编制能力需求计划提供信息。在制造业竞争激烈的大市场中,无论是离散式还是流程式的制造业,无论是单件生产小批量多品种生产,还是标准产品大量生产的制造业,其内部管理都可能会遇到诸如原材料供应不及时或不足、在制品积压严重或数量不清、生产率下降无法如期交货、市场多变计划调度难以适应等问题,这些问题产生的主要原因是企业对物料需求和计划控制不力。

（2）制造资源计划

制造资源计划（Manufacturing Resource Planning，MRPⅡ）是美国在20世纪70年代末80年代初提出的一种现代企业生产管理模式和组织生产的方式。MRPⅡ是由美国著名管理专家、MRP的鼻祖奥列弗·怀特（Oliver W·Wight）在物料需求计划的基础上发展起来的。制造资源计划是将企业产品中的各种物料分为独立需求物料和相关需求物料，并按时间段确定不同时期的物料需求，从而解决库存物料订货与组织生产问题；按照基于产品结构的物料需求组织生产，根据产品完工日期和产品结构制定生产计划；根据产品结构的层次从属关系，以产品零件为计划对象，以完工日期为计划基准倒排计划，按各种零件与部件的生产周期反推出其生产的投入时间和数量，按提前期长短区别各种物料下达订单的优先级，从而保证在生产需要时所有物料都能配备齐，不需要时不要过早积压，达到减少库存量和占用资金的目的。MRPⅡ系统分为5个计划层次：经营规划、生产规划、主生产计划、物料需求计划和采购作业计划，如图1-1所示。

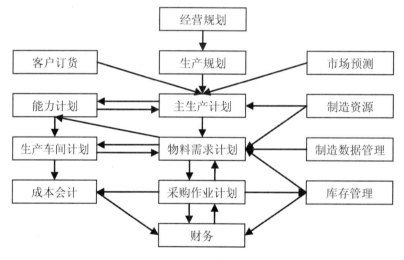

图 1-1　MRPⅡ系统层次模型

MRPⅡ层次体现了由宏观到微观、由战略到战术、由粗到细的深化过程。MRPⅡ通过引入能力需求计划和反馈调整功能增强了MRP的可行性和适应性；通过与财务系统的集成，实现了物流、资金流与信息流的同步；通过与工程技术系统的集成，实现了工程计划与生产作业计划的协调；通过与销售分销系统的集成，使得生产计划更好地体现企业的经营计划，增强了销售部门的市场预见能力。MRPⅡ还将MRP对物料资源优化的思想，扩充到包括人员、设备、资金、物资等广义资源，涉及企业的整个生产经营活动。

MRPⅡ不再只是一种生产管理的工具,而是整个企业运作的核心体系,是一种以计划驱动式的集中控制。MRPⅡ已成为当今世界各类制造企业普遍采用的计划,其是进入21世纪信息时代的制造业提高竞争力不可缺少的手段。

(3)企业资源计划

企业资源计划(Enterprises Resource Planning,ERP)是由美国计算机技术咨询和评估集团Gartner GroupInc提出的一种供应链的管理思想。它汇合了离散型生产和流程型生产的特点,面向全球市场,包罗了供应链上所有的主导和支持能力,协调企业各管理部门围绕市场导向,更加灵活或"柔性"地开展业务活动,实时地响应市场需求。为此,要重新定义供应商、分销商和制造商相互之间的业务关系,重新构建企业的业务和信息流程及组织结构,使企业在市场竞争中有更大的能动性。ERP的提出与计算机技术的高度发展是分不开的,用户对系统有更大的主动性,作为计算机辅助管理所涉及的功能已远远超过MRPⅡ的范围。企业资源计划是指建立在信息技术基础上,以系统化的管理思想,为企业决策层及员工提供决策运行手段的管理平台。ERP系统支持离散型、流程型等混合制造环境,应用范围从制造业扩散到了零售业、服务业、银行业、电信业、政府机关和学校等事业部门,通过融合数据库技术、图形用户界面、第四代查询语言、客户服务器结构、计算机辅助开发工具、可移植的开放系统等,对企业资源进行了有效的集成。

(4)准时制生产

准时制生产(Just in Time,JIT)又称及时生产,是20世纪80年代初日本丰田汽车公司创立的,是继泰勒的科学管理(Taylor's Scientific Management)和福特的大规模装配线生产系统(Ford's Mass Assembly Line Production)之后的又一革命性的企业管理模式。JIT,即在正确时间(Right Time)、正确地点(Right Place)干正确的事情(Right Thing)以期达到零库存、无缺陷、低成本的理想生产模式。对某一零件的加工在数量与完成时间上的要求是由下一道工序状况决定的。若下道工序拥挤阻塞,上道工序就应减慢或停止,这些信息均靠看板来传递。丰田的JIT生产方式通过看板管理,成功地制止了过量生产,实现了"在必要的时刻生产必要数量的必要产品(或零部件)",从而彻底消除在制品过量的浪费,以及由其衍生出来的种种间接浪费。JIT生产管理模式的最终目标是获取企业的最大利润;JIT最基本的方法是降低成本,排除一切浪费;JIT最主要的手段是适时适量的生产、弹性配置作业人数及保证质量。JIT的基本概念是指在所需要的精确时间内,按所需要的质量和数量,生产所需要的产品。它的理想目标是6

个"零"和1个"一",即零缺陷、零储备、零库存、零搬运、零故障停机、零提前期和批量为一。JIT管理技术体系构成主要包括:适时适量生产、全面质量管理、自动化控制、全员参与管理、人性管理、外部协作关系等。

(5)约束理论

约束理论(Theory of Constraint,TOC)是以色列物理学家戈德拉特博士(Moshe Elizahu Goldratt)在他于20世纪70年代开创的最优生产技术(Optimal Production Technology,OPT)的基础上发展起来的管理理论。TOC是关于进行改进和如何最好地实施这些改进的一套管理理念和管理原则,可以帮助企业识别出在实现目标的过程中存在着哪些"约束"因素,并进一步指出如何实施必要的改进来一一消除这些约束,从而更有效地实现企业目标。约束理论根植于最优生产技术OPT。OPT表明,一个企业的计划与控制的目标就是寻求顾客需求与企业能力的最佳配合,一旦一个被控制的工序(即瓶颈)建立了一个动态的平衡,其余的工序应相继地与这一被控制的工序同步。OPT的计划与控制是通过DBR系统,即"鼓(Drum)"、"缓冲器(Buffer)"和"绳子(Rope)"系统实现的。TOC最初被人们理解为对制造业进行管理、解决瓶颈问题的方法,后来几经改进,发展出以"产销率、库存、运行费"为基础的指标体系,逐渐形成为一种面向增加产销率而不是传统的面向减少成本的管理理论和工具,并最终覆盖到企业管理的所有职能方面。

(6)精益生产

精益生产(Lean Production,LP)又称精良生产,是20世纪80年代末美国麻省理工学院(MIT)承担的国际汽车计划(International Motor Vehicle Program,IMVP)项目,着重研究日本汽车制造业与欧美大量生产方式的差别是什么,其成功的秘诀何在。美国MIT的研究小组在做了大量的调查和对比后,总结了以丰田汽车生产系统为代表的生产管理与控制模式后提出了"精益生产"概念,把以丰田公司为代表的日本生产方式称为"精益生产"。精益生产要求对于人、时间、空间、财力、物资等方面,凡是不能在生产中增值的就要去掉。例如维修工、现场清洁工,当操作工人进行增值的生产活动时,他们不工作,而需要维修时,操作工又不工作,故维修工作不能直接增值,应撤销,而要求操作工成为多面手,能够完成一般性的维修工作。又如库存占用资金但不增值,因此,在厂内要求厂房布局上前后衔接的车间尽量靠在一起,生产计划上严格同步,不超前不落后,及时供应;在厂外,对协作厂或供应商,则要求按天甚至按小时供应所需零配件,这样就最大限度地缩小了库存量。精益生产工厂追求的目标是尽善尽美、精益求精,实现无库存、无废品、低成本的生产。所以精益生产方式几乎只用大量生产方式一半的时间、一半的人力、一半的场地,当然也就会用少得多的费用来开发同一个类型的新产品(如一种新型汽车)。

(7)敏捷制造

敏捷制造(Agile Manufacturing,AM)这一概念是 1991 年美国国防部为解决国防制造能力问题,而委托美国里海(Lehigh)大学亚柯卡(Iacocca)研究所,拟定一个同时体现工业界和国防部共同利益的中长期制造技术规划框架,在其《21 世纪制造企业战略》研究报告里提出的。该模式是一种在工业企业界已崭露头角的新的生产模式,是一种直接面向用户不断变更的个性化需求,完全按订单生产的可重新设计、重新组合、连续更换的新的信息密集的制造系统。这个系统对用户需求的变更有敏捷的响应能力,并且实现在产品的整个生命周期内使用户满意。生产系统的敏捷性是通过技术、管理和人这 3 种资源集成为一个协调的、相互关联的系统来实现的。

敏捷制造系统的主要特点:以强大的信息交换能力为基础的虚拟公司成为经营实体的主要组织形式;模块化、兼容式的组织机构和生产设施使得企业在组织和技术上具有很强的灵活性和应变能力,可以根据需求的变更进行重新组合;以紧密合作为特征的供应者、生产者与买主之间的联合网络;销售信息和用户使用信息可通过信息网络直接反馈到生产决策过程中;并行工程和多功能项目组是产品开发的主要方式与组织形式;把知识、技术和信息作为最重要的财富来发挥人的创造性。

(8)虚拟企业

虚拟企业(Virtual Enterprises,VE)是按照敏捷制造的思想,采用 Internet 技术,建立灵活有效、互惠互利的动态企业联盟,有效地实现研究、设计、生产和销售各种资源的重组,从而提高企业的市场快速响应和竞争能力的新模式。虚拟企业能够敏捷响应市场,实现资源共享,通过网络化制造,分散在各地的信息资源、设备资源甚至是智力资源,可实现其共享和优化利用;企业组织模式多样,从封闭性较强的金字塔式递阶结构的传统企业组织模式向着基于网络扁平化的、透明度高的项目主线式的组织模式发展;客户参与度高,能满足不同客户的要求,实现以客户为中心;另外,实现了基于网络的生产设备、生产现场远程监视及故障诊断等功能。

虚拟企业有效地借助网络设施和计算机信息技术,根据各类客户的需求,基于项目的制造联盟组织动态选择组件。在该制造模式下,企业可以充分发挥自身的优势,利用合作伙伴的资源和技术,快速高效地响应市场。网络化制造实施的关键在于企业之间有效的信息交互和资源共享,先进的网络技术和信息传输手段为解决企业的"信息孤岛"问题提供了有效途径。这些将加快各类信息在供应链上的传递,增强协作能力,最终降低企业的综合成本,实现了企业之间既竞争又合作的双赢模式。

(9)柔性制造系统

柔性制造系统(Flexible Manufacturing System,FMS)是一种技术复杂、高度自动化的系统,通过运用信息技术和系统工程以及自动化技术实现了系统生产的高度自动化与高度制造柔性。美国是最早开发 FMS 的国家之一,最早将其用于生产,而且是硬、软件技术水平最高的国家。尽管日本起步较晚,但发展速度非常快。德国投入运行的数量虽不及美国、日本,但居欧洲诸国之首位。其他西方工业国如英国、意大利、俄罗斯及东欧各国亦都在大力开发与应用。

我国于 1986 年 10 月在北京机床研究所投入运行第一套 FMS,用来加工伺服电机的零件。至今,FMS 的构想和思路得到了充分的肯定,特别是对一些原来采用大批量自动化生产线进行生产的离散型企业来说,随着科技、经济的发展和人民生活水平的提高,多品种、中小批量生产已成为机械制造业一个主要的发展趋势,作为一种高效率、高精度的制造系统,FMS 现已成为机械自动化发展的重要方向之一。

(10)计算机集成制造系统

计算机集成制造系统(Computer Integrated Manufacturing System,CIMS)是 1973 年由美国哈林顿(Harrington)博士首先提出的,在 20 世纪 80 年代得到发展与成熟的一种制造业先进的管理模式。CIMS 是通过计算机和自动化技术把企业的经营销售、开发设计、生产管理和过程控制等组合在一起的计算机集成制造系统。

哈林顿博士认为,企业的各个生产环节是不可分割的,需要同时考虑;整个生产过程实际上是对信息的采集、传递和加工处理过程。CIM 要求把过程控制数据同其他业务信息结合于一个集成信息体系之中,从而构成一体化的计算机控制、管理、决策系统。它将企业的全部活动,从产品设计、生产、制造到经营决策和管理,通过计算机有机集成起来,形成一个整体,达到相互协调、总体优化,促进企业的技术进步,提高企业管理水平,缩短产品开发和制造周期,提高产品质量和劳动生产率,增强企业的应变能力和竞争力。

1.2.2　现代制造企业管理模式

一般而言,市场对制造企业的要求是高效、低耗、灵活、准时地生产合格产品和提供顾客满意的服务,也就是说产量高、成本低、品种丰富、适应性强、质量高、交货准时是制造企业竞争制胜的要素,也是制造企业管理模式追求的目标。但在不同的时代,对这些要素的要求程度是不同的,因而企业管理模式的发展呈现不同的特征。

1.现代制造企业管理模式的类型

从世界范围看现代制造企业管理模式发展现状,这些制造企业管理模式大致可以归为三类,一是美国企业管理模式,二是日本企业管理模式,三是其他管理模式。

美国企业管理模式最初可以追溯到一种被称为订货点法的生产制造管理方法。订货点法是一种库存量不低于安全库存的库存补充方法。依靠计算机技术的发展,订货点法进一步发展成为 MRP,在此基础上,考虑到企业外部市场需求和企业内部生产能力、各种资源的变化,在 MRP 的基础上增加了能力计划和执行计划的功能,就发展成为闭环的 MRP。闭环的 MRP 是一个完整的生产计划与控制系统。进入 20 世纪 80 年代,在闭环 MRP 的基础上产生了制造资源计划(MRP Ⅱ),MRP Ⅱ 不仅涉及物料,而且将生产、财务、销售、技术、采购等各个子系统结合成一个一体化的系统,成为一个广泛的物料协调系统。到了 20 世纪 90 年代,市场竞争日益激烈,消费者需求特征发生了巨大的变化,仅仅依靠一个企业的资源已经无法实现快速响应市场需求的目的,随着网络技术的发展,涵盖企业内外所有资源的供应链管理(SCM)、企业资源计划(ERP)、敏捷制造(AM)、柔性制造(FM)大规模定制生产(MC)等管理模式相继产生。

日本企业管理模式是以 1.2.1 节中提到的准时生产制(JIT)为代表的。这种模式旨在消除超过生产所需的最少量设备、材料、零件和工作时间。针对准时生产制的特点,美国麻省理工学院研究者柯瑞福赛克(John Krafcik)更通俗地给日本汽车工业生产管理模式命名为精益生产(LP)。精益生产可以表述为通过系统结构、人员组织、运作方式和市场营销等各方面的改革,使生产系统对市场变化快速适应,并消除冗余及无用的损耗浪费,以求企业获得更好的效益。进入 20 世纪 90 年代以后,日本制造业的大公司在探索制造生产自动化技术的基础上,针对大型自动化生产系统过于复杂、对上下游协作厂商(供货商和销售商)要求高、需要巨额投资等问题,又创新出一种更依存于人、富有灵活性的制造模式——单元生产(Cell Production 或 Cellular Production)模式或细胞生产方式。

其他管理模式是指除上述日本、美国企业管理模式以外其他在 MRP 和 JIT 基础上发展起来的制造企业管理模式和技术,主要包括最优生产技术(Optimized Production Technology,OPT)、约束理论(Theory of Constraints,TOC)和世界级制造(World Class Manufacturing ,WCM)等。最优生产技术是以色列科学家古德特(Eli Goldratt)博士在 20 世纪 70 年代发展的一种生产组织方式,其吸收了 MRP 和 JIT 的长处,以相应的管理原理和软件系统为支柱,以增加产销率、减少库存和运行为目标的优化生产管理技术。约束理论是在最优生产技术基础上进一步发展的理论。世界级制造是对现有优秀跨国企业生产管理经验的总结,这些经验被概括为一系列交互作用的原则,这些原则被认为将是下一个十年制造业的活动安排原则。

2.现代制造企业管理模式的发展趋势

总体上说,当今世界制造企业管理模式创新和发展的趋势是在满足高质量、低成本目标的前提下最大限度地提高企业的灵活性和发展速度。也就是说,新的制造企业管理模式应该能够在尽可能保持大规模生产管理模式的高质量、高可靠性和低成本优势的同时,最大限度地提高企业生产制造的品种适应性、市场快速响应性,实现成本更低、质量更高、品种更多、适应性更强的目的。这种发展趋势,一方面是适应市场对制造企业的交货期、适应性提出了更高要求的需要,另一方面也依赖自动化技术的发展,特别是信息技术、计算机技术、系统技术的进步,其具体包括计算机通信、数据管理技术、传感器技术、专家系统及其开发工具、仿真技术等。同时,包括学习型组织理论、作业流程重组理论等组织管理理论的创新,也为制造企业进行制造企业管理模式创新奠定了组织基础。

近年来,"中国制造 2025""互联网＋""工业 4.0"等国家战略的提出,对工业工程的发展具有非同寻常的推动作用。"中国制造 2025"战略以"创新驱动、质量为先、绿色发展、结构优化、人才为本"为基本方针,对接德国"工业 4.0"和美国"先进制造伙伴计划",所涉及的制造业创新中心建设工程、智能制造工程、工业强基工程、绿色制造工程、高端装备创新工程等五大工程,无不同工业工程的研究领域紧密相关。另外,"互联网＋"国家战略计划的进一步发展能够更好地满足我国经济的可持续发展,"互联网＋"将在企业管理创新、组织创新、生产结构改造等方面起到举足轻重的作用。

第2章　柔性制造系统流程规划

　　柔性制造系统(Flexible Manufacturing System,FMS)是制造系统的一种形式,是一种适应多品种生产和动态变化制造环境的新生产模式,在讨论其系统的运作与管理策略制定之前,我们仍需了解制造系统流程规划的一般方法和理论。柔性制造流程主要是面向离散制造行业的、生产系统为实现其功能目标所发生的一系列活动的运行过程,包含对象、动作、事件三个要素。其中,对象包括人、财、物、信息。"人"指劳动力;"财"指资金;"物"指厂房设备、工艺装备、原材料、零部件、能源等;"信息"指计划、工艺图纸、各种生产信息、物流信息等。动作指针对制造主体(物料)的基本动作,包括加工、搬运、存储。事件是指对制造流程的计划、控制和执行。

　　本章对柔性制造流程中的主要对象(物料)及其动作进行介绍,因此属于相对狭义的制造流程(下文均按制造流程叙述),指从毛坯加工、零件加工、零件装配到成品入库活动的运行过程。它起于原材料入厂,终止于产品入库,是离散制造企业内部的生产运行过程。从制造流程定义出发,制造流程规划就是为了企业长远的发展,对制造流程中的相关要素进行合理的布置和计划。

2.1　概　述

　　企业制造流程系统是一个开放的、离散的、非线性的、不确定性的动态系统,它具有多层性。不同层面的制造流程,代表不同深度的产出结果。因此,制造流程规划需要与企业中各部门进行多方面的沟通,需要企业管理者具有对于企业流程、制造流程、管理制度及信息系统等各方面集成的能力。

　　由于在不同的生产形态下,制造系统的特性差异很大,所以本章首先介绍三种常见的生产形态,然后继续以"产品生命周期"及"并行工程"的观念,探讨制造流程规划与企业中各部门的关系,接着介绍制造系统五大功能模型与制造流程的关系。在进入制造流程规划的细节时,我们先以"产品的实体结构"及"物料需求清单"分析产品中零件结构,再搭配零件的"自制—外购"决策、产品中个别自制零件的加工特性与零件之间的组合关系,确认每个加工与装配程序的步骤;进而选择所需的制造流程,再运用图表排列所需的制造流程。最后,在制造流程中安排物料搬运及检验与测试系统,以构建完整的生产系统。在本章,我们将按照上述的结构,以集成的观点介绍柔性制造系统流程规划。

生产系统的使命在于完成客户需求的产品,故生产形态将因产品的特性及其制造所需的方法与资源的不同而大不相同。所以在讨论柔性制造系统流程规划之前,先介绍三种常见的生产形态。

1. 单件小批生产

单件小批生产(Job Shop Production)的特征是年生产量低且制造批量小,一般适用于客户特殊的订单,故单件小批生产需要一个具有极大柔性的生产系统来应对订单的多样性。因此,单件小批生产制造设备多为一般性的设备,但必须依靠员工高层次的生产技术,以应对不同的工作内容。单件小批生产的代表产业有航空业、模具业等。

2. 批量生产

批量生产(Batch Production)可能应对订单只生产 1 组批量为中等大小的产品或零件(有分析指出,大约 75% 的零件制造,其批量生产不超过 50 件),或者按规律的周期生产以满足顾客持续性的需求。因此后者的制造数量在多数情况下会超过客户的需求量,当库存量接近用完时[所谓的"再补货点"(Replenishment Point)],则再进行下一次的生产。批量生产的生产设备较少是高产出率的设计,但常运用夹、卡具来提高产能。其代表产业有机械加工业及塑胶业等。

3. 大量生产

在大量生产(Mass Production)的形态中,制造系统甚至整个厂房规划是为其大量生产的产品而设计的,庞大的生产数量和生产效率高是它的特征。所以其制造系统多采用专用设备,且整体投资通常较高,但其对员工生产技术的要求相对于单件生产、批量生产会比较低。其代表产业为饮料业及化工业等。

2.2　制造流程规划与企业中各部门的关系

为了了解一项产品的制造流程规划与企业中各部门的关系,本节我们首先讨论在一个产品"生命周期"中的各个阶段、制造系统与各部门之间的互动与关联性,再介绍"并行工程"的观念。

2.2.1　产品生命周期

产品生命周期理论是美国哈佛大学教授费农 1966 年在其《产品周期中的国际投资与国际贸易》一文中首次提出的。费农认为,产品生命是指产品在市场上的营销生命,产品和人的生命一样,要经历形成、成长、成熟、衰退四个阶段,而这个周期在不同技术水平的国家 ,发生的时间和过程长短是不一样的,其间存在一个较大的差距和时差,正是这一时差,表现为不同国家在技术上的差距,它反映同一产品在不同国家市场上的竞争地位的差异,从而决定了国际贸易和国际投资的变化。为了便于区分,费农把这些国家依次分成创新国家(一般为最发达国家)、一般发达国家、发展中国家。

一般认为,产品生命周期理论对企业生产战略的影响分为以下三个阶段。

第一阶段:新产品阶段。由于某一或几个企业拥有技术垄断优势和市场寡头垄断地位,竞争者很少,市场激烈程度远不充分,替代品很少且附加值高,企业对产品的成本关注不是很大,技术或产品可以通过出口源源不断地输向世界各地。

第二阶段:成熟产品阶段。由于创新企业的技术垄断和市场寡头垄断地位被打破,一批国际化的跨国企业开始掌握此技术。于是,竞争者增加,市场竞争越来越激烈,替代产品增加,为了获取更多利润,更多的企业开始考虑降低产品成本,较低的成本令替代产品处于越来越有利的位置。为了提高市场占有率,各跨国公司开始从成本出发,在有较大需求的国家和地区设立工厂,推行国际化生产战略,以满足当地消费者的需要,最大限度地获取利润。

第三阶段:标准化产品阶段。由于产品的生产技术、生产规模及产品本身已经完全成熟,趋于标准化,这时对生产者技能要求不高,越来越多的竞争者加入,原产品的技术垄断优势已经完全消失,成本、价格成为决定性的因素。这时,作为具有技术先导力的跨国公司,对此产品没有任何优势可言。因此,其有可能自己尽量少生产,甚至不生产,把生产直接交给那些更具有成本优势的企业。

与此对应,在制造业中,制造系统最重要的任务是配合企业的销售策略,生产客户需求的产品,获取销售收入并赚得利润,以求企业的持续经营。故企业的持续经营需靠具有长期获利能力的产品,产品的生产活动需靠制造系统予以实现,而制造系统是通过制造流程规划形成的。产品在其生命周期中的不同阶段,与企业间的各个部门有不同程度的互动关系;而与各个部门间互动的关系,直接或间接地通过制造系统的实体运作,与制造流程规划有密切的关系。产品的生命周期分为以下七个阶段。

1. 产品设计与开发

产品设计与开发的过程一般是企业根据市场需求,进行原始产品研究与检讨,以确定产品的主要内部模块;对竞争对手的产品进行市场调查,与客户商定产品粗略结构排布;进而设计产品草图,完成产品平面效果图、产品 3D 设计图、多角度效果图,设计产品色彩,设计产品结构草图,制作产品结构爆炸图;对结构图进行修改,制作样机模型;进行样机调试、产品调试,最终完成产品。

从产品设计与开发的流程可以看出,该阶段可能由"营销业务"及"研究开发"两个部门主导,其主要任务是希望通过营销业务部门发掘客户对于产品的需求,通过研究开发部门进行实际的设计与开发。

2. 制造流程规划

制造流程规划是对产品从毛坯加工、零件加工、零件装配到成品入库等活动运行过程的规划。该阶段通常与"研究开发""生产工程""制造工程"部门有关。

3. 寻求物料供应商与设施规划

寻求物料供应商与设施规划的过程显然与"采购"或"设备"部门有关,因为需要供应体系的评价信息。另外,需要"研究开发"及"生产工程"部门,在供应商是否能够提供合乎质量及功能需求的零件的审核上,提供专业知识的支持;在设施规划方面,需要由"工业工程"部门人员予以配合。

4. 引入期(上市)

引入期是指产品从设计投产直到投入市场进入测试阶段。新产品投入市场时品种少,顾客对产品还不了解,除少数追求新奇的顾客外,几乎无人实际购买该产品。生产者为了扩大销路,不得不投入大量的促销费用,对产品进行宣传推广。该阶段由于生产技术方面的限制,产品生产批量小,制造成本高,广告费用大,产品销售价格偏高,销售量极为有限,企业通常不能获利,反而有可能亏损。

5．成长期(上升)

当产品经过引入期,销售取得成功之后,便进入了成长期。这时产品通过试销效果良好,被购买者逐渐接受,产品在市场上站住脚并且打开了销路。这是需求增长阶段,需求量和销售额迅速上升。生产成本大幅度下降,利润迅速增长。与此同时,竞争者看到有利可图,纷纷进入市场参与竞争,使同类产品供给量增加,价格随之下降,企业利润增长速度逐步减慢,最后达到产品销售利润的最高点。

6．成熟期(高峰)

经过成长期之后,产品进入大批量生产阶段,随着购买产品人数的增多,市场需求趋于饱和。此时,产品普及并日趋标准化,成本低而产量大。销售增长速度趋缓直至转而下降。由于竞争的加剧,同类产品生产企业间不得不在产品质量、花色、规格、包装服务等方面加大投入力度,在一定程度上增加了成本。

7．衰退期(下市)

随着科技的发展以及消费习惯的改变,产品的销售量和利润持续下降,产品在市场上已经老化,不能适应市场需求,市场上已经有其他性能更好、价格更低的新产品,足以满足消费者的需求。此时生产成本较高的企业就会由于无利可图而陆续停止生产,该类产品的生命周期也就陆续结束,以致最后完全撤出市场。

可以看出,后四个阶段有一个共同要点,就是关于生产计划及日生产量等问题,明显与"生产管理"及"营销业务"部门相关,因为生产规划必然由市场需求信息和预测而决定。

2.2.2 并行工程

由产品生命周期的讨论可知,一个产品通过制造系统完成生产到进入市场销售,大致需要四个层面的设计:产品设计、制造流程设计、设施规划与生产计划。为了加速产品顺利进入市场销售,而提早摊销研究开发的成本,获取产品在市场中占有率的优势,建议可以运用"并行工程"(Concurrent

Engineering)的方法。

并行工程是对产品设计及其相关过程(包括研究开发、生产工程和行销业务)进行并行、一体化设计的一种系统化的工作模式。并行工程把计算机辅助设计、制造、管理和质量保证体系等有机地集成在一起,实现信息集成、信息共享、过程集成。这种工作模式力求使产品开发者在设计阶段就考虑到从概念形成到产品报废(甚至销毁)整个产品生命周期中的质量、成本、开发时间和用户需求等所有因素。并行工程强调加强产品生命周期中各个部门的沟通与协调,图 2-1 就说明了这四个设计层面之间紧密协调的关系。

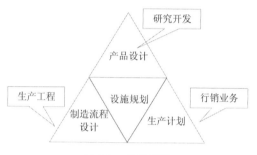

图 2-1 并行工程

以上四个设计层面分别代表不同的意义,"产品设计"涉及"要生产哪些产品以符合市场上客户的需求"及"个别产品的细部设计"两项决策;"制造流程设计"则是由"个别产品的细部设计"展开"决定产品如何生产"的所有制造作业(包括加工、装配、物料搬运、检测与控制等),也就是说决定产品的装配流程与每一个自制零件的制造流程(此部分即是本章关注的重点——制造流程规划)。由"制造流程设计"可再预测需使用何种制造设备及物料搬运系统的配合,来执行规划中的装配与加工的程序,此部分密切相关于"设施规划",即"生产系统如何配置"。在"设施规划"完成之后,生产管理的负责人方能掌握"生产系统中每个工作站的产能信息",以做出计划及控制每项产品"生产多少与何时生产"的"生产计划"决策。

简单说来,并行工程便是由产品设计、制造流程设计、设施规划与生产计划四个层面所构成,四个层面之间相互协调以减少产品研究开发的时间,并改善设计的流程和减少工程的变更。例如,在产品设计的研发过程中,应该同时考虑到生产部分,而这部分又与设施的规划、搜集市场信息来制定生产计划、制造的方法息息相关、环环相扣。并行工程所关注的底线是加速产品生命周期中的前三个阶段,使产品尽快进入上市及量产的阶段,才能为企业带来资金流动性。

并行工程的开发模式以开发周期短(Time)、产品质量高(Quality)、开发费用低(Cost)、用户满意(Service)为目标,即我们平常所说的 T、Q、C、S 目标。并行工程具有如下特点。

1. 团队合作精神

为了设计出便于加工、装配、使用、维修、回收的产品,并行工程方法要求在产品设计阶段将涉及产品整个生命周期各个过程的专家,甚至包括潜在的用户集中起来,形成专门的设计工作小组以协同工作,集思广益对设计的产品和零件从各方面进行审查,并随时进行修改,从而得到最佳设计。

2. 设计过程中的系统性与并行性

在并行工程中,设计、制造和管理等不再被看成彼此相互独立的过程,而要将它们纳入一个整体的系统来考虑。很多工作是并行进行的,例如,在设计过程中通过工作组和专家把关,可以同时考虑产品生命周期各个方面的因素;又如,在设计阶段就可以同时进行工艺(包括加工工艺、装配工艺、检验工艺等)设计,运用计算机仿真技术了解工艺设计的结果,用快速成型等方法制成样机。

3. 设计过程的快速反馈

在传统的串行设计模式下,产品设计变更都是在产品整个生命周期的后半部分出现问题时才进行的,这使得开发周期增长,开发成本费用增高,流程与设计都难以改变;而并行工程强调在设计开始阶段就对设计结果随时进行审查,并及时反馈给设计人员,这样可以大大缩短设计时间,降低产品开发成本,还可以保证将错误消灭在萌芽状态。

2.3　制造系统五大功能模型与制造流程的关系

本节将以学者 Groover 所提出的制造系统五大功能模型,如图 2-2 所示,讨论制造流程中的各种作业及其特性,使读者了解产品在制造系统中由原材料转化为成品的制造流程。

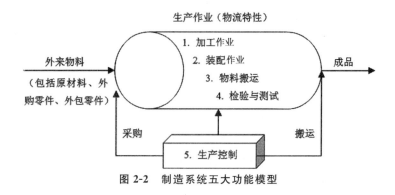

图 2-2 制造系统五大功能模型

1. 加工作业

加工作业的目的是将原材料或各个单一零件经过此步骤的处理后,使其成为(或是更接近)成品所需要的组装零件。在此程序中,并没有外在的物料或者零件附加于加工作业的工件上,而只是利用一些外部的处理方式达到所需的几何形状、美观及物理特性等。加工作业大致可分成成型作业、热处理和表面加工三大类,分别叙述如下。

(1)成型作业

大部分的成型作业都是利用"热"或"机械力",以结合能量的方式来改变工件的形状。以下我们以原材料的特性为基准将加工作业中的成型作业进行分类。

1)铸造、注塑成型。其原材料为液态或者半液态。在铸造及注塑成型等操作程序中,其原材料能够充分加热至液态或者可塑性高的状态。其作业过程一般是将多样化的材料(例如金属、陶瓷玻璃、塑胶等)加热到高温转变成为液态,再将熔融状态的材料倒进(注入)模具中,使其凝固。

2)粉末成型。其原材料为金属或陶瓷的粉末状态。虽然这两种材料不同,但是它们的加工程序极为相似,通常都涉及冲压和烧结等加工作业。首先将粉末塞进模具中,之后再以强力加压使得这些粉末成型。但是这些已成型的粉末初胚,通常不具有足够的强度和硬度以供实际应用,必须再采取烧结作业(即加热至不超过熔点),使这些粉末粒子彼此间紧密结合,以增加其强度。

3)弯曲加工(拉、弯、锻、辊)。其原材料一般为富延展性的金属。在弯曲加工作业中,工件的成型是由超过材料的屈服强度(Yield Strength)造成形变所产生的。在弯曲加工期间,为了避免外在的机械力强度过大,使原材料发生断裂等问题,故其材料多具有一定程度的延展性或是韧度。

4)去除加工(车、钻、铣、磨)。其原材料一般是固体实心的材料。去除加工步骤主要目的是将多余的材料去除达到所要的几何形状。在这个加工作业中,最常见的方法是用车、钻、铣、磨等对传统材料进行去除加工。为了降低原材料在加工过程中的浪费,通常使用激光、电子光束、化学腐蚀等方式来达到让其成型的目的。

(2)热处理

热处理的主要目的是增加材料的机械特性和物理性质,包括正火(Normalizing)、退火(Annealing)、淬火(Quenching)、回火(Tempering)以及各种不同强化工件的方法。热处理中除了特殊情况,通常不会改变工件的形状。

(3)表面加工

表面加工包含清洁、表面处理、喷涂镀膜。清洁的目的是去除工件上的尘土、油污和其他附着在工件表面的加工碎屑及污染物质,主要采取洗刷或用化学溶剂等方式去除工件表面上残留的杂质。以机械力加工的表面处理包括喷丸(Shot Peening)及喷沙(Sand Blasting)两种方式;而以物理加工的表面处理包括半导体制造流程中常见的热扩散(Diffusion)和离子注入(Ion Implantation)。喷涂镀膜方法为把所要覆盖上去的物质,利用电镀(Electroplating)或是薄膜沉积(Film Deposition)的方式覆盖到工件的表面上。

2.装配作业

装配是制造功能模型中第二类主要的作业,其明显的特征就是将两个或两个以上各自独立的零件组装成一个新的主体。装配作业大致可分为永久接合和机械固定两种。

1)永久接合。常见的永久接合装配方式为电焊(Welding)、焊接(Soldering)和胶接(Adhesive Bonding)。利用焊接最为广泛的地方是电子零件的装配;在集成电路板上,各种电子元件几乎都是用焊枪焊接在印刷电路板上的。

2)机械固定。机械固定和永久接合不同的地方在于其具有方便拆解的特性。机械固定多利用螺栓、螺母等零件来进行装配。

3.物料搬运

在衔接两个相邻的工作站,或是将外购的物料供应至制造系统中时,必定会发生物料搬运。相较于加工和装配这两种具有增值(Value Adding)功能的制造作业,物料搬运不具备增值的功能,而且必须花费人力在处理搬运和储藏物料上。因此必须尽可能地消除不必要的物料搬运,或是在难以避免物料搬运时,必须安全并有效率地进行处理,力求准确、及时地将物料送至目的地,以减少成本及人力的浪费。

4. 检验与测试

一般而言,检验与测试是为了控制质量。检验的目的是确定产品是否符合制定的规格和设计;最终产品测试是为了确保产品设计是否合乎操作规格和功能需求。从增值功能的观点来说,检验与测试本身并不具有增值功能,但其可以避免在后续的制造流程操作或是交货给客户之前产生不良状况而进行的检查工作,以减少不必要的浪费产生。

5. 生产控制

"生产控制"实际上是工程管理在制造系统中必须扮演的关键角色。在制造系统中,控制包含了人力的配置及机器设备的运用,使得上述的四种制造作业(加工、装配、物料搬运、检验与测试)在有限资源的前提下,达到最佳的效能。使物料由供应商端进入制造系统后,得以在适当的时间点将适当数量的物料运送至适当的设备,以适当的生产人力完成其加工或装配作业,再将产品适当地配送至客户端,使得制造系统的整个运作成本降至最低。

2.4 产品中零件结构分析

本节将从实体结构和信息系统所运用的数据结构两个方面来探讨产品与零件结构。首先,有关实体结构的部分,将介绍如何利用爆炸图及实体图来分析说明产品的实体结构。至于在信息系统所运用的数据结构方面,则从物料需求清单(Bill of Material,BOM)来介绍,根据这两种文件可完整分析产品中的零件结构。为了能明确了解本节的讨论内容,下面以油缸为例来介绍。

2.4.1 产品实体结构分解

由产品来看制造流程,就必须探究其如何生产的问题。在讨论这个问题之前,必须回归到产品的实体结构,此时爆炸图即可派上用场。爆炸图就是按照产品的组装方式反向进行拆解,如同它的名称"爆炸"一样。但是爆炸图通常忽略详细的规格和尺寸,而只是表达其外观尺寸的缩放比例而已。

因为爆炸图配合零件的实体图片,所以让人可以很容易、很清楚地了解各个零件在产品制造流程中是哪一部分,相应地可以推算零件进入制造系统的时间与位置,因此在布置与搬运系统的设计中十分有用。

如果针对每一项产品都需要有其对应的一组爆炸图和相关实体图片,按照数据储存量而言,这样的数据结构是不符合成本效益的,故通常仅对主要产品建立爆炸图和相关实体图片。图 2-3 即为一个油缸进行实体结构分解所得到的爆炸图。

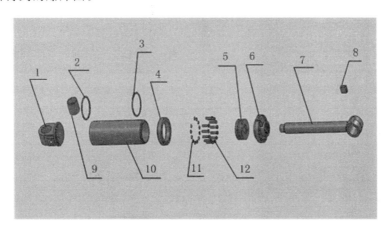

图 2-3　油缸的实体爆炸图

1—缸底;2—缸底焊缝;3—法兰焊缝;4—法兰;5—活塞;6—导向套;
7—活塞杆;8—座体;9—衬套;10—缸筒;11—垫圈;12—螺钉

图 2-3 的数据结构虽然有利于人员以目测的方式对产品与零件结构进行了解,但是却无法在生产的物料规划及日程计划上,协助管理者运用计算机进行运算。针对这一问题,建立了物料需求清单,以求计算机中的数据结构能有效集成。

2.4.2　物料需求清单的建立

在建立物料需求清单(BOM)之前,应该准备零件表作为基本的参考数据。零件表提供了产品、零部件的列表,除了自制或外购的决策之外,一张零件表至少还应该包括部件号、零件名称、每个产品的零件数目、相关的参考图号等。其中,每个零件自制或外购的决策,将在 2.5 节中讨论。表 2.1 是油缸的对应零件表。

表 2.1 油缸的对应零件表

零件表						
公司名称 ＿＿×××＿＿				制表人 ＿＿×××＿＿		
产品名称 ＿＿油缸＿＿				生产日期 ＿＿×××＿＿		
料号	名称	图号	数量(个)	材质	尺寸规格	自制/外购
11110	活塞		1	铁	$\phi 40$	外购
11120	导向套		1	铜	50×50×500	外购
11210	活塞杆		1	铁	$\phi 40$	外购
11220	座体	1107	1	铁		自制
12100	法兰		1	铁	$\phi 40$	外购
12200	垫圈		12	铁	M6	外购
12300	螺钉		12	铁	M6	外购
13100	缸底	1210	1	铁		自制
13200	衬套		1	铜	$\phi 40$	外购
14000	缸筒	1211	1	铁		自制

在零件表中为各个零件标上其阶次,则完成物料需求清单。物料需求清单可表示为产品装配顺序的树状结构:阶次 0 通常表示最终产品;阶次 1 代表此产品的次装配及直接进入此最终产品的零部件;阶次 2 代表此为次装配及直接进入阶次 1 的零部件,依此类推。图 2-4 给出了油缸的树状结构物料需求清单。本节所讨论的物料需求清单,常作为工程部门进行研究开发及规划制造流程的基准,故又被称为工程用物料需求清单(Engineering Bill of Materials,E-BOM)。另外,E-BOM 也是采购及物料管理单位进行物料需求计划重要的基准数据。

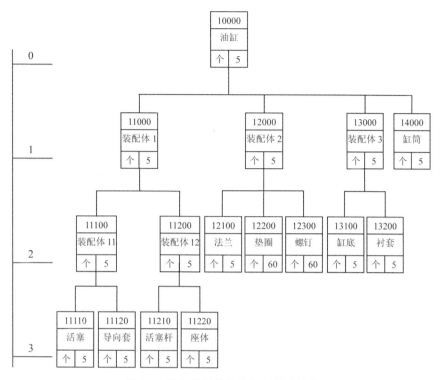

图 2-4　油缸的树状结构物料需求清单

2.5　选择所需的制造流程

本节先讨论零件的"自制—外购"决策,因为自制零件与制造系统的关系密切,甚至涉及所需的机器设备与其布置等,所以必须进行确认。在完成每个零件的"自制—外购"决策后,对于自制零件,研发单位可能会提出不同的制造方法,应加以比较并选择所需的制造流程。最后,再对该产品所有相关的制造流程步骤进行确认。

2.5.1　零件的"自制—外购"决策

因为自制零件与制造系统的关系密切,会直接牵动所需的机器设备与其布置(包含机器与物料搬运设备等对于空间需求的考虑),而且会产生资金及制造作业直接人力的需求,以及生产计划与调度中产能的规划,所以需要确认。另外,外来的物料(包含原材料、外购零件及外包零件)则必须注意生产管理、采购与物料管理之间运作的协调性,故零部件的"自制—外购"决策,需要由财务、工业工程、生产管理、制造工程、采购、物料管理或是人力资源等部门共同进行讨论。

零部件的"自制—外购"决策,常需要考虑此项零件是否可以购得、此项零件是否能够自制、此项零件自制是否比外购更经济、是否有足够资本自制此项零件等四个问题。

1. 此项零件是否可以购得

在分析产品及其零部件后,我们必须考虑:"零件是否可以购得?"此问题的重点在于零件取得的可能性。如果零件可以购得的可能性低或是无法取得的话,则此时必须自制,或是考虑是否可以采用替代零件,如采用替代零件是否会影响质量,影响成本、定价以及市场占有率及利润等一系列问题。

2. 此项零件是否自制

若可以在市场中购得该零件,而企业也考虑自制,则考虑下列有关"技术能力"的问题:

1) 此项物料的制造是否与公司的目标一致?

2) 公司是否具有专业制造能力?

3) 公司是否具备制造所需的产能与人力?

若每项产品的零部件都要由企业自制的话,则企业的专业能力将不能专注运用于其长远发展,这可能造成企业因此丧失竞争优势的重大问题。在企业资源有限的前提下,如何运用有限资源,为其获取最大利润,是每一个企业所要探讨的核心问题。

3. 此项零件自制是否比外购更经济

若企业有能力自制此零件,则要考虑零件的自制是否比外购更经济,此项问题考虑的重心在于"成本"。零件的自制需要配合该零件生产量的经济规模,即考虑损益平衡及固定成本摊销等关系。关于外购零件的取得,必须与上游厂商建立良好的供应链体系,运用供应商的核心技术及产能,降低成本及波动。但是必须注意供应商交货期与质量上可能造成的风险。以成本的观点应考虑以下问题:

1) 此零件在未来的需求量是多少?

2) 购买的零件质量是否稳定?

3) 零件的成本与交货期是否符合生产需要?

4）零件的成本与质量是否符合生产需要？

4. 是否有足够资本自制此项零件

如果自制较外购在成本上更为经济,则需考虑公司是否有足够资本自制此项零件。有关资本,建议思考下列三个问题：

1）运用资本的机会成本是多少？

2）此产品若是自制,将来会有哪些投资？

3）取得外部资本的成本是多少？

其中,可由投资回报率分析入手,分析运用资本的机会成本,但是必须注意,通常获利高的产业其风险相对也随之提高。另外,外部资金无论是向银行借贷或以其他方式取得,都需要付出利息或其他代价,因此在借贷之前必须经过缜密的分析。

2.5.2　选择所需的制造流程

在完成"自制—外购"决策后,针对自制的加工或是装配作业,必须考虑可能的替代生产方案。在设计替代生产方案时,应从下列四个方面进行考虑：制造方法、材料特性、功能需求、成本,同时考虑公司提供制造系统可应用的资源。这类决策必须依据以下内容。

1）过去经验。

2）相关需求：倘若制造部门无法达成客户或是设计所需求的标准,则应考虑运用替代的生产方案。

3）可供使用的设备及生产率。

4）产品生命周期（PLC）：每个产品造成对产能的负荷,会随市场需求的数量而变动,所以制造部门可按照各产品现在的生命周期,适时地调整替代生产方案以应对市场需求。

2.5.3　制造流程确认步骤

本节提供下列六个步骤,作为确认制造流程规划的参考。

1）定义基本作业：先进行"自制—外购"分析,确认自行制造的零件,并在"零件表"中予以标记,由研究开发部门提出自行制造零件所需的加工与组装作业。

2）辨明每项基本作业的替代作业：针对步骤1）中所提出的加工与组装作业,研究可否运用不同的机器设备、不同的材料或不同的制造方法,以符合自行制造零件所需达成的功能需求。

3) 分析各项替代作业:将执行步骤2)所提出的各项替代作业,从"制造方法""材料特性""功能需求"及"成本"四个方面进行考虑,并将分析的结果予以规范化。

4) 制造流程标准化:将步骤2)与3)中的每项基本作业与替代作业加以整理并进行"标准化",建议以"工艺程序图"撰写标准作业程序书(Standardized Operation Procedure,SOP)。

5) 评价各项替代制造流程:以"工程经济"作为分析的工具,对各项替代制造流程进行经济性评价,使产品发挥所需要的功能,也使总成本降到最低。

6) 选择制造流程:除考虑成本外,还需将机器设备的柔性、可靠性、变通性及安全性等因素一同并入考虑。

"制造流程规划"决定着完成此产品制造作业与流程的相关规划,目前有许多信息系统对于制造信息的集成起着强有力的推动作用。例如,CAD/CAM系统可以作为产品设计和制造间的媒介,可以用于建立零件的图面及物料需求清单;而"计算机辅助工艺设计"(Computer Aided Process Planning,CAPP)可将"制造流程规划"的过程,用计算机强大的计算能力与庞大的存储空间予以自动化。

CAPP系统可为制造流程的规划带来下列益处。

1) 规划流程的合理化和标准化:CAPP比人工规划的流程更具一致性,而且过程由计算机辅助进行计算,储存于数据库之中,以记录确认的制造规划与替代规划,而CAPP所产生标准化的制造流程规划可降低制造规划的变异性。

2) 可与其他信息系统集成:CAPP系统可以结合CAD/CAM系统,提供如制造成本的估算,或与ERP系统集成,提供生产计划计算所需的基本数据。

3) 减少产品开发的时间:因为能够准确掌握整个产品开发流程所有的细节,控制可变得更有效率,进而减少产品开发的时间。

2.6 在制造流程中安排物料搬运及检验与测试系统

在前几节中,我们讨论了制造流程中有关加工与装配两种具增值功能作业的规划。在本节,我们将讨论制造系统五大功能模型(图2-2)中另外两种不具增值功能的作业——"物料搬运"及"检验与测试"。

2.6.1　规划制造系统中所需物料搬运的动作

物料搬运系统的设计在制造系统的规划中是一项重要的工作,其主要目的在于将原材料带入加工地点、将外来的(外购的或外包的)带入装配单元及将半成品在装配单元间进行传递,故物料搬运设计功能与"设施规划与制造系统现场的布置"之间有着密不可分的关系。下面将针对物料搬运系统的设计、改善方法及计划表的建立进行探讨。

1. 物料搬运系统的设计

在设计物料搬运系统时,下列的分析可以提供给决策者作为参考。

1) 定义物料搬运系统的目标与规划;

2) 分析物料搬运、储存及控制的条件;

3) 制定适合物料搬运系统条件的设计方案;

4) 选定搬运、储存及控制的最佳设计;

5) 实施此项设计应包含供应商的选取、人员的训练、设备的安装、纠错和启用、系统运作后的定期检查。

在整个设计过程中,决策者应持有审慎的态度,而常想何故(Why)、何事(What)、何处(Where)、何时(When)、如何(How)、何人(Who)及何者(Which)等基本问题。另外,分析物料搬运的设计方案时,所要考虑的因素包括物料的形态、物理特性、搬运的数量、每个移动的起始点、移动的频率或速率、设备选择及搬运的方法等。

2. 改善物料搬运的方法

物料搬运是一个不具增值功能的作业,但却是必要且简略的作业。因此,如何将制造系统中的物料搬运作业进行改善,减少其对企业资源的需求,常是工业工程师可以发挥特长的地方。如果物料搬运方法得到改善,常可获得许多益处,如降低搬运的成本、减少因搬运产生的损失、提高空间及设备使用率、提高生产率并增加生产量及改善工作环境等。

对任一项搬运作业进行改善时,可对下列四个问题进行评价:

1) 这个物料搬运作业是否可以"删除"?

2) 这个物料搬运作业是否可以"合并"?

3) 这个物料搬运作业是否可以"简化"?

4) 这个物料搬运作业会因顺序改变而更加方便吗?

3. 建立物料搬运计划表

一旦所有的物料搬运作业都被确定,即可以"物料搬运计划表"(Material Handing Planning Chart,MHPC)进行规范化。

物料搬运计划表为操作程序图扩充内容,通常在图中包括了操作、检验、搬运、储存及延迟。在规划物料搬运作业所需要的设施时,因为延迟和储存通常具有相同的特性,所以延迟通常会并入储存进行考虑。物料搬运计划表必须把每项操作、搬运、储存及检验都列入,而且在操作、储存及检验前、后的运送都应该记录,不可遗漏。比如机器操作或储存动作,即使时间非常短暂,也都应该记录在物料搬运计划表上。表 2-2 为一物料搬运计划表的实例,其产品为空气速度控制阀。

表 2-2　空气速度控制阀的物料搬运计划表

物料搬运计划表													
公司名称　A公司						计划者　×××			布置方案　1				
产品名称　空气速度控制阀						日期		第 1 页　共 8 页					
步骤	操作	搬运	检验	储存	延迟	内容	作业编号	部门	容器形式	尺寸/m	重量/kg	容器容量/件	频率/(次/天)	距离/m	搬运方法
1				√		库内搬运		仓库							
2		√				仓库到锯床组			搬运箱	2.5×3.5×1.6	75	10	3	16	叉车
3				√		存于锯床组		锯床							
4	√					锯长度	0101	锯床							
5		√				从锯床组至磨床组			搬运盘	25×12×7	300	30	2	10	手推平台车
6				√		存于磨床组		磨床							
7	√					磨长度	0201	磨床							
8		√				从磨床组到修边组			搬运盘	15×12×7	300	30	2	13	手推平台车

步骤	操作	搬运	检验	储存	延迟	内容	作业编号	部门	容器形式	尺寸/m	重量/kg	容器容量/件	频率/(次/天)	距离/m	搬运方法

物料搬运计划表

公司名称　A公司　　　　计划者 ×××　　　　布置方案　1

产品名称　空气速度控制阀　　日期　　　第 1 页　共 8 页

步骤	操作	搬运	检验	储存	延迟	内容	作业编号	部门	容器形式	尺寸/m	重量/kg	容器容量/件	频率/(次/天)	距离/m	搬运方法
9			√			存于修边组		修边							
10	√					修毛边	0301	修边							
11		√				从修边组至钻床组			搬运盘	15×12×7	300	30	2	16	手推平台车
12				√		存于钻床组		钻床							
13	√					钻4孔、攻牙、铰孔	0401	钻床							
14		√				从钻床组转运			搬运盘	15×12×7	300	30	2	33	手推平台车

2.6.2　在制造流程中安排检验与测试

"检验与测试"作业虽是不具增值功能的作业,但是在制造流程中安排检验与测试,能确保在不需要发生增值功能时,具有增值功能的作业不再浪费。此观念是指产品在制造过程中,若有质量问题发生,造成有些产品在有瑕疵时无法送交客户,则继续的增值功能作业即形成浪费。即使有瑕疵的产品可以返修,但是返修时可能需要拆解该产品,则拆解该产品的作业也形成浪费。故检验与测试的目的,是避免因为质量问题的延迟发现所造成的浪费。

在许多批量生产或是大量生产的制造流程中,因为产品产出的速度快,如果通过人力执行检验与测试,往往会因人员反复检验的疲劳而事倍功半,稳定性及可靠性不够,或是无法及时发现缺点并予以修正。鉴于此,可以引进先进的感应技术与计算机系统相结合,甚至辅助用统计软件,改善因人员疲劳所产生的问题。接下来以三坐标测量仪及机器视觉说明感应技术的运用。

三坐标测量仪相对于人工检验有下列优点。

1）检验的生产率较高：检验程序可以利用计算机程序控制，故速度可以提高。

2）柔性高：坐标测量仪为多用途（General Purpose）设备，可用于多种不同的零件，而且换件时间（Changeover Time）不必很长。

3）人为错误降低。

4）更高的准确度及精确度。

运用机器视觉：在线上检验需要有一组具高解析度镜头的摄影机，这组摄影机会取像，将所得到的影像回传。此时计算机就会以灰阶像素（Gray Level Pixels）的方式将此图像数字化，然后运用统计或是人工智能的算法对灰阶的数据进行运算，将受检零件和正常零件进行分析核对，判断该工件上是否有瑕疵。

另外，在制造流程中与检测和测试相关的重要工作是统计质量控制（Statistical Quality Control，SQC），它利用由制造流程中所取得的产品、半成品、零件或原材料的样本，进行制造过程总体质量的推论。

第 3 章　柔性制造系统

在世界范围内掀起以发展"智能制造"为核心的"工业 4.0"浪潮的同时,"中国制造 2025"也顺应时代的发展,将我国制造业的发展目标设定为以实现智能制造,最终实现制造业数字化、网络化、智能化。这就意味着传统的少品种、大批量、单一化的流水线生产模式将不再适应当今制造业的发展理念。此外,随着社会进步和人们生活水平的提高,市场需求从稳态逐渐转向动态多变型。市场需求和企业生产特点呈现出市场竞争的日趋激烈,并具有多变性和不可预测性、产品更新周期日益加快、顾客对产品需求的多样化导致了产品需求的顾客倾向化。在这种竞争加剧的市场环境下,企业能否生存取决于是否具有在较短的开发周期内,高效率、低成本、高质量地生产出不同品种产品的能力,用最短的生产周期对市场需求变化进行快速响应,使得包括厂房、设备及人力在内的资源得到充分利用,达到企业整体优化的目的。可见,柔性的生产制造模式和科学的运作管理水平开始在制造系统中占有越来越重要的位置。

3.1　柔性制造系统的产生背景及其发展

20 世纪 60 年代,柔性制造系统的概念首先由英国莫林斯公司的研发工程师西奥·威廉森提出。1967 年,莫林斯公司创建了世界上第一套柔性制造系统——Molins System-24,该系统可以实现加工设备的自动化控制,且保持 24 小时不间断工作。特别值得一提的是在整个制造过程中几乎很少需要人工介入。可以说,Molins System-24 的出现成为了柔性制造系统思想形成的开端。同一时期,美国也研发出了由多个加工中心和设备组成的 Omniline-1 制造系统。在接下来的十几年内,德国、法国、苏联、意大利和日本等科技发达国家也相继开发出其国家的第一代柔性制造系统。20 世纪 80 年代后,经过各国学者的不断探索和努力,柔性制造系统进入了商品化和实用化阶段。有数据表明,如果将数控加工设备都联结起来组成柔性制造系统,则可以减少 52.6% 的加工设备和人力资源投入,减少 45%～

72％的生产占地面积,提高制造资源利用率 1.5～3.2 倍,降低生产成本50％左右,缩短生产周期 45％～90％。

目前,世界主要工业发达国家中,美国、日本、德国、俄罗斯及英国在发展 FMS 方面居领先地位。美国是最早开发 FMS 的国家之一,它最早将FMS 用于生产,而且是软、硬件技术水平最高的国家。尽管日本起步较晚,但发展速度颇快。德国投入运行的数量虽不及美国、日本,但居欧洲诸国之首位。其他西方工业国如英国、意大利、俄罗斯及东欧各国亦都在大力开发与应用并制定出短、长期发展规划。目前,全球著名的柔性制造系统生产商有美国的辛辛那提·米拉克龙公司,日本的新潟铁工所、富士通、丰田工机,德国的许勒惠勒公司、科尔布公司以及沙尔曼公司。

我国对柔性制造系统的研究始于 20 世纪 80 年代,通过借鉴国外的研究经验和相关技术,在确保产品系统柔性和加工质量的前提下,为柔性制造系统建立起功能更加完善的信息控制系统。1986 年,我国第一套柔性制造系统于北京机床研究所研发并投入运行,最初该系统主要被应用于电机零部件的加工。之后,清华大学、重庆大学、上海交通大学等高等学校也先后对柔性制造系统的相关技术开展研究,缩小了国内外对于柔性制造系统技术研究的差距。2005 年,大连机床厂自主研发和生产出我国第一条柔性制造系统生产线。

至今,FMS 的构想和思路得到了学术界和制造企业的充分认可。特别是对一些原来采用大批量自动化生产线进行生产的离散型金属制品企业,随着科技、经济的发展和人民生活水平的提高,多品种、中小批量生产已成为机械制造业一个主要的发展趋势。作为一种高效率、高精度的制造系统,FMS 已成为当今乃至今后制造企业自动化、智能化发展的重要方向之一。

3.2　柔性制造系统的基本概念

3.2.1　柔性制造系统的定义

FMS 作为产生于 20 世纪 70 年代的一种新型制造系统,通常 FMS 是指在计算机控制系统支持下,能适应加工对象变化的制造系统,是至少由两台机床、一套物料运输系统(从装载到卸载都具有高度自动化)和一台计算机控制系统组成的制造系统。

我国对 FMS 的标准定义为:柔性制造系统是由数控机床、物流运储设备和计算机控制系统组成的自动化制造系统,它包含若干个柔性制造单元,具备根据制造任务和生产环境的变化做出迅速调整的能力,能适用于对多品种、中小批量产品的生产。

欧洲机床工业委员会(CECIMO)对其的定义是:柔性制造系统是一个这样的自动化制造系统,它能够以最少的人干预,对任何一个范围的工件进行加工,通常用于对中小批量零件族以及不同批量的加工或混合加工;其柔性能力通常受系统设计之时考虑的零件族和产品族的限制,该系统含有调度生产和产品通过系统路径的功能,系统也具有产生报告和系统操作数据的能力。

FMS 是一个集物流、信息流、能量流为一体的系统,其显著特点就是技术密集、物理硬件复杂。单纯地将硬件设备合理地组成一个系统,往往不能取得很好的效果。在实践中,还必须用软件实现系统调度。调度的任务就是在企业有限的资源约束下,确定相关资源在相关设备上的加工顺序和加工时间,以保证所选定的生产目标最优。

FMS 是一个投资大、风险高的制造系统,其结构复杂,控制信息较多,生产过程的监控实时性要求很强。而 FMS 的整个生产制造过程实质就是信息的采集、传递和加工处理过程,所以整个 FMS 中信息的准确性、一致性和实时性,将会直接关系到产品的质量和系统的安全稳定。

3.2.2　柔性制造系统的组成

典型的 FMS 通常由三个子系统构成加工系统、物流系统和控制与管理系统,每个子系统的组成部分和其功能作用如图 3-1 所示。三个子系统的相互结合,构成了 FMS 的能量流、物料流和信息流。

1)加工系统:主要由数控机床、加工中心等加工设备(有的还带有工件清洗、在线检测等辅助与检测设备)构成。

2)物流系统:用实现工件及刀具的自动供给和装卸,完成工序间的自动传送、调运和存储工作,包括各种传送带、自动导引小车、工业机器人及专用起吊运送机等。

3)控制与管理系统:用以处理 FMS 的各种信息,包括过程控制、过程调度、过程监视三个子系统,其功能分别是过程控制系统进行加工系统及物流系统的自动控制;过程调度为协调系统内各加工机器及作业的有序工序,保证系统工作效率;过程监控进行在线状态数据自动采集和处理。机床、料库等生产设备以及加工程序、切屑参数都由计算机控制。

从 FMS 的概念及其组成可以看出:FMS 具有设备利用率高、运行灵活、产品质量高、加工成本低、产品应变能力大等众多优点,但也存在着系统投资大、投资回收期长、系统结构复杂、对操作人员的要求高等不足。

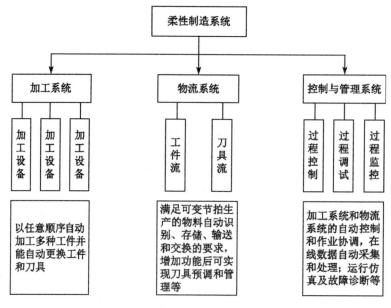

图 3-1　FMS 的组成结构

3.3　柔性制造系统生产运作与管理的任务

　　近年来,随着信息技术在企业管理应用中的不断深入,制造企业信息化也正全面展开。柔性制造系统生产运作与管理的任务重点则是处于上层计划管理与底层生产控制之间的调度系统的柔性,只有实现生产过程信息在上层管理系统和生产现场之间的实时交互,最终才能达到调度管理的自动化和信息化目标。

　　当前,国内许多中小型制造企业的调度管理现状还存在诸多问题,生产现场与上层管理系统之间存在信息断层,大量数据无法及时进行双向反馈。例如,底层生产数据无法及时共享给计划管理层,导致生产中的突发情况不能及时反馈并快速得到应对策略和解决方案;计划管理层也很难实时下达决策给生产现场,导致难以快速对生产进行调整。这些情况往往会引起生产过程混乱、生产效率低下等问题。因此,作为上层计划管理和底层生产控制之间的桥梁,FMS 生产作业与调度系统的设计开发,对提高制造企业调度管理水平具有一定的应用价值和现实意义。

柔性制造系统生产作业与调度的关键问题就是在资源有限的约束下，合理地组织生产，达到最优的生产效果。其中组织生产的主要内容就是确定不同产品、不同工序的投产顺序，柔性制造系统的生产调度问题一直都是学术界的研究重点，各种算法思想被运用到其中。调度算法的优劣对其生产效率有很大的影响，并直接影响企业的产品交付履约率。

柔性制造系统生产环境的复杂性决定了生产过程监控的必然性。如何准确有效地对生产信息进行监控是实施柔性制造系统的又一难点问题。目前生产信息采集手段多种多样，如制造系统自身的数控机床运行状态的数据采集技术、磁条磁卡技术、生物识别技术、手持终端采集技术等信息采集技术也被用于生产监控。其中条码技术的应用最为广泛，作为一种成本低廉以及灵活性很高的生产信息采集手段，条码技术如果能很好地应用到制造过程的生产信息监控中，将会大大减少企业运作成本。在信息技术迅速发展的今天，建立网络信息技术与自动化技术相结合的生产过程远程监控系统，是 FMS 的研究热点和发展趋势，它能够实现整个生产过程远程自动化监控和全局管理，提高企业的整体信息化管理水平和市场竞争能力。而企业信息化管理系统所需的关键便在于车间现场数据的大量采集和计算，只有将车间底层的大量数据及时准确地传输到数据管理中心，才能实现对生产计划的科学制定，对生产过程、生产设备、产品质量和工作人员等进行有效的管理与控制。

生产过程远程监控系统是通过连接生产现场与各监控子系统的信息，实现整个企业的监控系统的数据信息采集与存储、分析、处理，实现对生产现场的远程调度管理和提供生产决策数据，合理的监控技术为生产计划调度提供了强有力的保证。

3.4　柔性制造技术的发展

20 世纪 80 年代后，制造业自动化进入一个崭新时代，即基于计算机的集成制造时代，FMS 已成为各工业化国家机械制造自动化的研究发展重点。从反映出现代最高水平的国际三大机床博览会展出的状况看，FMS 已从实验阶段进入实用阶段并已商品化，而且已从最初的单纯机械加工领域向焊接、装配、检验及无屑加工等综合性领域发展。日本专家曾预言，至 21 世纪，假若企业包括小型制造企业在内不使用 FMS，将会失去产品的竞争力，甚至无法维持企业的自身生存。FMS 之所以获得迅猛发展，是因其集高效、高质量及高柔性三者于一体,解决了近百年来中小批量和中大批量、多品种和生产自动化之技术难题,故可认为 FMS 的问世与发展确实是机械制造业生产及管理上的历史性变革。

近年来,随着信息化技术的高速发展,尤其是网络技术与技术的快速发展,柔性制造技术已经发展为集信息技术、自动化控制技术、制造技术与现代管理技术为一体的先进生产模式,并在计算机及其软件的支持下,构建一个覆盖整个企业的完整而有机的系统,以实现全局动态最优化,总体高效益、高柔性,并进而赢得竞争全胜的智能制造技术。目前,柔性制造系统的发展日趋成熟,但是随着现代科技的不断进步,用户对产品的需求也不断发生变化,这促使柔性制造系统一直保持着持续发展的态势,其未来的发展趋势可以归结为以下几点。

1. 向模块化方向发展

柔性制造系统整套设备的购置费用较高,许多中小型制造企业望而却步。为了解决这个问题,柔性制造系统的软件和硬件都朝着模块化方向发展,以便制造企业可以有针对性地分批购置系统设备。在实际生产时,制造企业可以将现有的软、硬件集成为不同功能的模块化制造系统,从而实现模块化的高效生产模式。

2. 向精密化、单项技术性能发展

为了确保产品的加工质量,柔性制造系统通过运用各种先进技术来改善自身性能,不断趋向精密化生产。例如,柔性制造系统应用人工智能技术、故障诊断技术来提高其自学习、自诊断、自修复的能力;采用计算机辅助设计、计算机辅助制造、数控以及调度技术为系统集成提供技术支持。

3. 应用领域不断扩大

从加工零件的类型上看,从最初的回转体零件发展到现在的回转体、非回转体零件,而随着市场需求的多样化,柔性制造系统还将向着特殊形状零件的加工领域发展。从产品种类看,柔性制造系统正从传统的工业产品、重型机械零部件生产领域,向饮食、医药化工、集成印刷电路板、计算机等多元化生产领域扩展。

4. 考虑人机兼容性

在柔性制造系统的发展历程中,"人"一直是其考虑的重要因素,为了尽可能解放人力资源,柔性制造系统的研究致力于将人与制造技术、加工设备相集成,最终实现"人机一体化"目标。

3.5 柔性制造系统的生产计划

3.5.1 生产计划的组成

生产计划是关于企业生产系统总体方面的计划,从生产领域规定企业在未来一定时间内的目标和任务,如品种、质量、产量、进度、产值等,指导企业的生产运作活动,以实现企业总体经营目标。生产活动是企业的主体活动,生产计划在一定程度上决定或影响其他职能领域,如市场营销、物资供应、设备维修、人力资源、财务成本部门的计划与活动,对企业的经营质量与发展前景有十分重要的作用。

图 3-2 显示了制造企业生产计划的体系结构及其各组成部分的相互关系。人们习惯称长期计划为生产战略计划或生产规划,称中期计划为生产计划,称短期计划为作业计划。

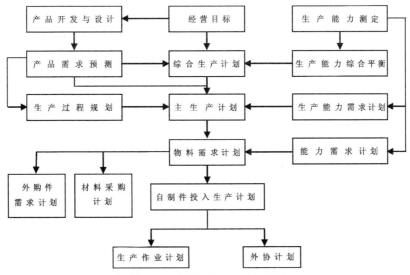

图 3-2 制造企业生产计划体系

多数企业的中期生产计划以年度计划形式出现,也有一些企业由于生产特点或其他原因而编制跨年度的中期计划。制造业的生产计划主要包括两种计划:综合计划与主生产进度计划。

短期生产计划是具体落实中长期计划的执行计划,时间跨度在 1 年以内,如季计划、月计划、日计划等。

表 3-1 给出了各类计划的不同特点。

表 3-1　各类计划的不同特点

特点 分类	长期(战略层)计划	中期(管理层)计划	短期(作业层)计划
计划层总任务	制定总目标及获取所需资源	有效利用现有资源满足市场需求	最适当的配置生产能力,执行厂级计划
管理层次	高层	中层	基层
时间	3～5 年或更长	1～1.5 年	小于 6 个月
详细程度	非常概略	概略	具体详细
不确定程度	高	中	低
决策变量	• 产品线 • 工厂规模 • 设备选择 • 供应渠道 • 劳工培训 • 生产与库存管理系统类型选择	• 工厂工作时间 • 劳动力数量 • 库存水平 • 外包量 • 生产速率	• 生产品种 • 生产数量 • 生产顺序 • 何处生产 • 物料库存控制方式

3.5.2　综合计划

1. 综合计划的任务

综合计划是衔接长期生产战略规划与短期生产作业计划的中间环节,它与主生产进度计划一起,同属中期生产计划的范畴,通常以年为计划期,又称生产大纲。其主要任务是对企业在计划期(通常是 1 年)资源和需求平衡的基础上做出总体生产安排。

2. 对市场需求波动的响应

在市场需求波动时,企业生产计划响应的方式包括以下三种:

1)按平均需求均匀安排生产。

2)跟踪需求波动安排生产。

3)综合使用以上两种方式,需求波动不大时维持均匀生产,需求波动较大时相应调节产量。

3. 综合计划编制方法

下面是编制综合计划时常用的几种方法。

(1)试算法

试算法为适应计划期内市场需求波动拟订若干调节生产的方案,包括均匀排产、跟踪排产与混合排产的方案,计算并比较各种方案的生产成本,直至选出一个满意的方案编制综合计划。

用试算法编制综合计划,优点是简便易行,缺点是很难找到最佳计划方案,只能通过多种方案试算,得到满意的计划方案。

(2)运输模型法

鲍曼(E. H. Bowman)建议用运输模型法编制综合计划。运输模型法是线性规划的一个分支,可用表上作业法求最优解。

运输模型法的优点是可以获得最优解,计算也不复杂,缺点是假定了变量之间的线性关系,不一定符合实际情况,且要求目标只有一个,约束也少,不适合追求多目标和存在多约束的场合。

(3)线性规划法

线性规划法按计划方案取舍的准则建立目标函数,考虑多种约束条件建立数学模型求解,可获得最优的计划方案。复杂的计算工作可用专门的计算机软件求解,因而得到了人们的欢迎。

线性规划法的缺点是它假定了变量之间必须呈线性关系,各种方式产出的单位成本是常数,有些约束条件很难用简单的方程表达,不得不对客观情况做过多的简化。一般在原料少、生产过程稳定、产品结构简单的流程型企业中应用效果较好。

编制综合计划还有一些其他方法,如图解法、线性决策规则、模型仿真法等,不再一一阐述。

3.5.3　主生产计划

主生产计划(Master Production Schedule,MPS)是对企业生产计划大纲的细化,是详细陈述在可用资源的条件下何时要生产出多少物品的计划,用以协调生产需求与可用资源之间的差距,使之成为展开 MRP 与 CRP 运算的主要依据,它起着承上启下,从宏观计划向微观计划过渡的作用。

主生产计划是计划系统中的关键环节。一个有效的主生产计划是生产对客户需求的一种承诺,它充分利用企业资源,协调生产与市场,实现生产计划大纲中所表达的企业经营计划目标。主生产计划在三个计划模块中起"龙头"模块作用,它决定了后续的所有计划及制造行为的目标。在短期内作为物料需求计划、零件生产计划、订货优先级和短期能力需求计划的依据。在长期内作为估计本厂生产能力、仓储能力、技术人员、资金等资源需求的依据。

主生产计划应是一个不断更新的计划,与更新的频率、需求预测的周期、客户订单的修改等因素有关。因此,主生产计划是一个不断修改的滚动计划。当有了新的订单,需要修改主生产计划;当某时间阶段结束时,未完成计划的工作需要重新安排;当某工作成为瓶颈时,有可能需要修改计划;当原材料短缺时,产品的生产计划也可能修改。总之,主生产计划是不断改进的切合实际的计划,如果能及时维护,将会减少库存,准时交货,提高生产率。主生产计划的增加或进行修改的时间越早,越不影响底层的物料需求计划和能力需求计划(CRP);而在物料订购之后,修改计划产生的影响将会较大,生产费用也将会受到影响。

1. 综合计划的分解

综合计划是根据市场需求与生产能力按产品大类编制的生产计划,它忽略了不同产品生产的细节,集中解决合理配置各种可以利用的生产资源以满足市场需求并获得满意的收益。但按产品大类编制的粗略计划无法指导具体的生产活动,因此需要分解:

1)将大类产品的生产总量分解成具体的最终产品的生产数量。

2)将各期的生产任务(例如年分季、分月)分解成各细分时段的生产顺序及进度(例如季分月、分周)。

2. 主生产进度计划的编制

主生产进度计划编制的优劣直接影响到企业的生产资源能否得到有效利用,以及劳动生产率的高低,生产成本的高低和资金占用的多少,对企业的经济效益起很大的作用。

不同生产类型企业的生产进度安排有不同的方法。

(1)成批生产企业的主生产进度安排

成批生产企业生产的特点是产品品种较多,各种产品轮番生产,可以按期初库存与本期需求量(预测需求或订货量)的差额安排生产,并根据本期产量扣除下期生产前已订货量后的余额确定可接受订货量,即可承诺存货。

(2)大批量生产企业的主生产进度安排

大批量生产的特点是产品品种少,同品种产量大,其生产进度的安排可分成两种情况：

1）如果市场需求相对稳定,可均匀安排生产,即在相等的时间段内生产量大致相等或逐步小幅递增,做到均衡生产。

2）如果市场需求波动较大,可在均匀、跟踪、混合三种方式中选择比较适合的方式安排生产进度。

（3）单件小批量生产企业的主生产进度安排

单件小批量生产的特点是产品品种繁多而很少重复生产,其生产进度的安排,可按合同规定的交货期开始往前推算。交货期不仅要考虑产品从投料到产出之间的制造时间,还要包括设计、生产工艺准备、备料的时间。必要时,可根据合同规定的交货期适当考虑提前期。

主生产进度计划是在需求信息不完备的情况下编制的,实际需求与预测要求肯定有差异。不仅如此,企业内部生产条件也会发生变化导致生产能力的变动。因此,主生产进度计划在实施过程中修改是难免的。考虑到主生产进度计划的改变直接影响到物料需求计划及其他管理活动,应力求近期进度安排更加符合实际,并设定一个时间段,在该时间段以内的生产进度不能修改,如要修改只能修改该时间段以后的生产进度,以保证生产的稳定性。

3.5.4　物料需求计划

物料需求计划（Materials Requirement Planning，MRP）是根据市场需求预测和顾客订单制订产品的生产计划,然后基于产品生成进度计划,编制产品的材料结构表和调整库存状况,通过计算机计算所需物料的需求量和需求时间,从而确定材料的加工进度和订货日程的一种实用技术。MRP 指根据产品结构各层次物品的从属和数量关系,以每个物品为计划对象,以完工时期为时间基准倒排计划,按提前期长短区别各个物品下达计划时间的先后顺序,保证既不出现短缺,也不积压库存,是一种工业制造企业内物资计划管理模式。MRP 包含几个要素:原料、生产、销售、产品结构。它涵盖的范围仅仅为物料管理。

1. MRP 的流程

MRP 适用于相关需求的计划与控制,MRP 的逻辑流程,如图 3-3 所示。

其主要步骤如下。

1）计算需求总量:根据主生产计划的每一最终产品数量和产品交货期,逐层分解出每一物料按时间分段的需求总量。

2)计算净需求量:使需求总量与库存状态相匹配,决定按时间分段的物料净需求量。

3)批量编程:根据订货方针,计算并分成批量、按到货时间排序的计划订单。

4)计算提前期:考虑物料的进货、运输等时间,计算采购提前期,倒推出计划订单的订货时间。

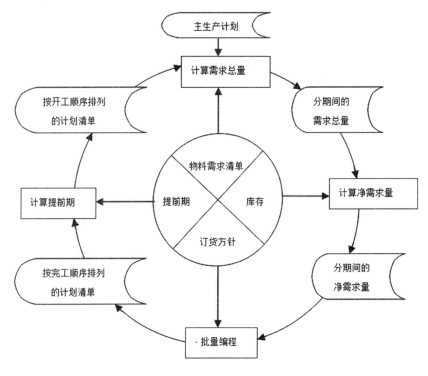

图 3-3　MRP 流程示意图

2. MRP 的关键要素

从上面的介绍中可以看出,主生产计划、物料清单、提前期、订货方针以及库存记录等信息在 MRP 的计算过程中起着关键性的作用。以下对这些关键要素分别做进一步的介绍。

(1)主生产计划

主生产计划要确定每一个最终产品在每一具体时间段的生产数量。企业的物料需求计划、车间作业计划、采购计划等均来源于主生产计划,即先由主生产计划驱动物料需求计划,再由物料需求计划生成车间作业计划与采购计划。所以,主生产计划在 MRP 系统中起着承上启下的作用,实现从宏观计划到微观计划的过渡与连接。主生产计划必须是可以执行、可以实现的,它应该符合企业的实际情况,其制定与执行的周期视企业的情况而定。主生产计划应该确定在计划期间内各时间段上的最终产品的需求数量。

(2)物料需求清单

物料需求清单(Bill of Materials,BOM)是产品结构的技术性描述文件,它表明了最终产品的组件、零件直到原材料之间的结构关系和数量关系。图 3-4 表示一个三级的 BOM 结构,其中产品 A 由 4 个部件 B,1 个部件 C 和 2 个部件 D 组成。部件 B 又由 2 个部件 E 和 1 个部件 F 组成,部件 D 由 3 个部件 G 和 2 个部件 H 组成。物料需求清单是一种树形结构,通常称为产品结构树。

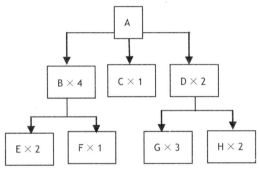

图 3-4　产品 A 的 BOM 结构图

(3)提前期

在 MRP 中不但要考虑 BOM 各个层次中的零部件需求量,而且要考虑为了满足最终产品的交货期,所需零部件的加工或采购提前期。图 3-5 所示为产品结构在时间上的反映,以产品的应完工日期为起点倒排计划,可相应地求出各个零部件最晚应该开始加工的时间或采购订单发出的时间。

(4)订货方针

在 MRP 的计算过程中,为了确定每次订货的批量,需要对每一物料预先确定批量规则。在 MRP 中,这些批量规则通常称作订货方针。订货方针有多种,大体上可分为以下两大类。

一类是静态批量规则,即每一批量的大小都相同。典型的静态批量规则之一是"固定订货量"。在这种情况下,批量大小预先确定。例如,订货量可以是由设备能力上限决定的量。对外购产品订货量可以按价格折扣的最小量、整船量、被限定的最小购买量来确定。订货量也可以按经济订货批量(EOQ)的公式来确定。

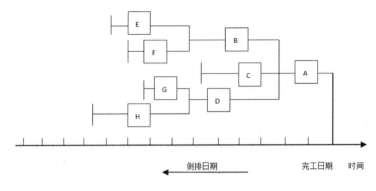

图 3-5　时间坐标上的 BOM 结构

另一类是动态批量规则,该规则允许每次订货的批量大小不一样,但必须大到足以防止缺货发生。一种动态批量规则是"周期性批量规则",在这种规则下,批量的大小等于未来几周(从收到货的当周算起)的粗需求加安全库存量,再减去前一周的现有库存量。这样的批量可以保证安全库存量和充分保证 P 周的粗需求,但并不意味着每隔 P 周必须发放一次订单,而只是意味着,当确定批量时,其大小必须满足 P 周的需求。在实际操作中,可首先根据理想的批量(如 EOQ)除以每周的平均需求来确定 P,然后用 P 周的需求表示目标批量,并取与之最接近的整数。

(5)库存记录

库存记录说明现在库存中有哪些物料,有多少,准备再进多少,从而在制订新的加工、采购计划时减掉相应的数量。库存记录通常被称作 MRP 表格,其计算过程构成了 MRP 的基本计算方法。

3.5.5　企业资源计划 ERP

物料需求计划称作狭义 MRP,而制造资源计划称作广义 MRP 或 MRP Ⅱ。制造资源计划 MRP Ⅱ 系统在 MRP、闭环 MRP 基础上进行了进一步的功能扩充与发展,是包含销售、制造、财务等三大功能的管理信息系统。

20 世纪 80 年代后期,市场需求的时间效应与多样性日益突出,企业能否满足顾客的需求不仅与企业自身有关,而且与相应产业链的动作效率有关,这使得企业之间的联系更加紧密,供应链管理(Supply Chain Management,SCM)等概念相继提出。

供应链管理的核心思想是企业应该从整个供应链的角度追求企业经营效果优化,而不是局部职能的优化。这种优化必须在充分整合企业内部和外部各种资源的情况下才能实现。为此,美国著名咨询公司 Gartner Group 在 1990 年提出了企业资源计划的概念。企业资源计划(Enterprise Resources Planning,ERP)是以供应链管理思想为基础,以现代化的计算机及网络通信技术为运行平台,将企业的各项管理集于一身,并能对供应链上所有资源进行有效控制的计算机管理系统。

ERP 的诞生可以看成是企业管理技术的一大进步。在 MRP 到 MRP Ⅱ 的发展过程中,制造业企业系统观念的发展基本上是沿着两个方向延伸:一是资源概念内涵的不断扩大,二是企业计划闭环的形成。但是,在这个发展的过程中却始终存在着两个局限——资源局限于企业内部,决策方法局限于结构化问题,而 ERP 的发展突破了这些局限。从计划的范围来讲,ERP 的计划已经不局限在企业内部,而是把供需链内的供应商等外部资源也作为计划的对象。在决策方法方面,决策支持系统(Decision Support System,DSS)被看作是 ERP 中不可缺少的一部分,使 ERP 能够解决半结构化和非结构化的问题。

3.6　柔性制造系统的生产控制

1. 生产控制的定义及内容

生产控制是指按照生产计划的要求,组织生产作业计划的实施,在实施中及时了解计划与实际之间的偏差,分析其原因,通过生产进度调整,劳动力的合理调配,生产能力的合理利用,准确控制物料供应等措施,以达到按期完成计划所规定的各项生产任务,如图 3-6 所示。

生产控制有广义和狭义之分。广义的生产控制是指从生产准备开始到进行生产,直至成品出产入库为止的全过程的全面控制。它包括计划安排、生产进度控制及调度、库存控制、质量控制、成本控制等内容;狭义的生产控制主要指的是对生产活动中生产进度的控制,又称生产作业控制。

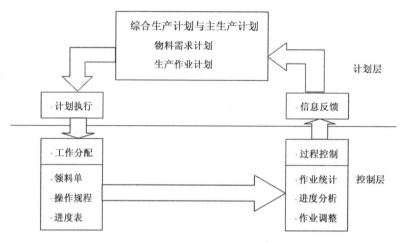

图 3-6　生产计划与控制系统

2. 生产控制的方式

根据生产管理的自身特点,常把生产控制方式划分为以下三种。

(1)事后控制方式

事后控制是指根据本期生产结果与期初所制定的计划相比较,找出差距,提出措施,在下一期的生产活动中实施控制的一种方式。事后控制属于反馈控制,控制的重点是下一期的生产活动。

事后控制方式的优点是方法简便、控制工作量小、费用低。其缺点是在"事后",本期的损失无法挽回。

这种生产控制方式在我国企业中得到广泛使用,特别是在成本控制中。由于事后控制的依据是计划执行后的反馈信息,所以要提高控制的质量,需做到以下几点:具备较完整的统计资料;计划执行情况的分析要客观;提出控制措施要可行。

(2)事中控制方式

事中控制是通过对作业现场获取信息,实时地进行作业核算,并把结果与作业计划有关指标进行对比分析。若有偏差,及时提出控制措施并实时对生产活动实施控制,以确保生产活动沿着当期的计划目标而展开,控制的重点是当前的生产过程。

事中控制方式的优点是"实时"控制,保证本期计划如期准确完成。缺点是控制费用较高。这种控制方式在全面质量管理中得到广泛应用。

由于事中控制是依计划执行过程中所获得的信息为依据的,为了提高控制的质量,应做到以下几点:具备完整、准确而实时的统计资料;具有高效的信息处理系统；决策迅速、执行有力。

（3）事前控制方式

事前控制是在本期生产活动展开前，根据上期生产的实际成果及对影响本期生产的各种因素所做的预测，制订出各种控制方案（控制设想），在生产活动展开之前就进行针对有关影响因素的可能变化而调整"输入参数"，实行调节控制的一种方式。可以确保最后完成计划，属于前馈控制，这种控制方式的重点是在事前的计划与执行中对有关影响因素的预测。

要做好事前控制，应注意以下几点：对各种影响因素未来变化趋势要有充分认识；对各种影响因素未来变化的预测要准确。

3. 生产控制的程序

生产控制工作一般要经过以下四个步骤：

1）制定控制标准：所谓控制标准指的是对生产中人力、物力、财力的消耗，产品的质量特性，生产进度等规定的数量标准。常用各项生产计划指标，如各种消耗定额、产品质量指标、库存指标等表示。

2）检测比较：检测比较就是利用各种生产统计手段去获取各种生产信息与所制订的各项控制标准做对比分析，以期找出差距。

3）控制抉择：控制抉择就是根据产生偏差的原因，提出纠正的各种措施并进行选择。

4）实施控制措施：实施控制措施由一系列具体操作组成，实施效果将直接影响控制的效果。

4. 生产控制方法

（1）跟踪式控制

根据生产计划的要求，随时检查、分析生产进度和生产条件的变化，设法将任何威胁计划的工作和被忽视的生产细节改正过来。在大量依靠流水线生产的企业里，要跟踪每一条生产线生产前的准备工作是否完备；生产过程中的人员、设备、物资、质量的变化；生产中每一条生产线的停歇可能造成的后果和扭转被动局面的应急措施；生产中各条生产线的节拍、生产的品种、数量以及生产线之间同步化的衔接等，捕捉生产过程中的每一个矛盾或隐藏的问题，并制定措施加以解决。

（2）逆向式控制

逆向式控制的原理同看板方式的原理是一致的，它以企业最终产品的产出（入库）作为控制的起点，对于市场经常需要的产品，是以库存量为起点进行控制，如果是不定期小批量或临时需要量（订货）的产品，或虽有经常需求但产生效益有限的产品,则以满足交货要求作为控制的起点。

(3)持续改善式控制

按照精益生产方式或精益思想和约束理论,不断发现生产过程中的浪费或生产流程中的瓶颈,以现场控制和关键点控制实施持续改善,以提高生产水平。

第4章　生产作业计划与车间调度

　　柔性制造系统是一种自动化制造系统,能够在较少的人工干预下生产任何范围的中小批量零件族,它的柔性一般受到所生产零件族种类的限制。柔性制造系统的发展非常迅速,自 20 世纪 80 年代进入实用化阶段到现在,其生产的产品从最初的汽车、飞机、坦克、舰艇的零部件扩大到现在的半导体、饮食、医药、化工和计算机等多元化产品。随着柔性制造系统应用领域的不断扩大,国内外对其相关技术的研究也越来越多,其中就包括对柔性制造系统生产作业计划与调度技术的研究。柔性制造系统的生产作业与调度是指在满足制造系统性能指标和约束条件的前提下,为工件合理安排加工时间,分派工件的加工先后次序、加工设备等资源,以实现生产时间或成本的最优化。科学的生产作业计划与调度能够有效缩短产品在制造系统中的流动时间,提高系统生产效率,缓解产品的库存压力。从这个角度说,针对柔性制造系统生产作业计划与调度的研究对于缩短产品制造周期,提高制造企业的生产效率和市场竞争力具有重大意义。

4.1　生产作业计划

　　生产作业计划(Production Planning and Scheduling,PPS)是企业生产计划的具体执行计划。这种具体化表现在将生产计划规定的产品任务在规格、空间、时间等方面进行分解,即在产品方面具体规定到品种、质量、数量;在作业单位方面规定到车间、工段、班组乃至设备;在时间上细化到月、旬、日、时,以保证企业生产计划得到切实可行的落实。因此,生产作业计划的任务是按照产品生产计划的时间、数量、期限及产品的工艺要求,将生产资源最适当地配置到各产品任务,形成各作业单位在时间周期上的进度日程计划。这样,既能完成(品种、质量、数量、期限)生产计划,又使资源得到充分均衡的利用。

4.1.1 大量流水生产的生产作业计划

1. 大量流水生产的特点

大量生产的主要生产组织方式为流水生产,其基础是由设备、工作地和传送装置构成的设施系统,即流水生产线。典型的流水生产线如汽车装配生产线。流水生产线是为特定的产品及预定的生产大纲所设计的。生产作业计划的主要决策问题在流水生产线的设计阶段就已经作出规定。因此,大量流水生产的生产作业计划的关键在于合理地设计好流水生产线。这包括确定流水线的生产节拍、给流水生产线上的各工作地分配负荷、确定产品的生产顺序等。

2. 大量流水生产的生产作业计划编制

(1)厂级生产作业计划的编制

大量生产类型的厂级月度生产作业计划,是根据企业的季度生产计划编制的。编制时,先要确定合理的计划单位,然后再安排各车间的生产任务和进度,以保证车间之间在品种、数量和期限方面的衔接。

安排各车间的生产任务和进度的方法,主要取决于车间的专业组织形式。如果车间为产品对象实施专业化管理,则只需要将季度生产计划按照各个车间的分工、生产能力和其他生产条件,分配给各个车间即可。如果各个车间之间是依次加工半成品的关系,则为保证各车间生产之间的衔接,通常采用反工艺过程的顺序,逐个计算车间的投入和出产任务。在制品定额法即为此类方法。

大量生产型企业,产品品种少,产量大,生产任务稳定,分工明确,车间的专业化程度高。各车间的联系表现为前车间提供在制品,保证后车间的加工与维持库存半成品,使生产协调和均衡地进行。因此,在大量生产条件下,生产作业计划的核心是解决各车间在生产数量上的衔接平衡。在制品定额法就是根据大量生产的特点,用在制品定额作为规定生产任务数量的标准,按照工艺过程逆向连续计算方法,依次确定车间的投入和出产任务。

(2)车间内部生产作业计划的编制

车间内部生产作业计划是进一步将生产任务落实到每个工作地和工人,使之在时间和数量上协调一致。编制车间内部生产作业计划的工作包括两个层次的内容:第一个层次是编制分工段的月度作业计划和周作业计划;第二个层次是编制工段分工作地的周作业计划,并下达到各个工作地。

编制分工段的月度作业计划和周作业计划时,如车间内部是按照对象原则组建各工段的,则只需将车间月度作业计划中的零件加工任务平均分配给对应的工段即可;如各个工段存在工艺上的先后关系,则一般应按照反工艺的原则,从最后工段倒序依次安排各工段的投入与出产进度。编制分工段的月度作业计划和周作业计划可根据工段周作业计划与流水生产线工作指示图表安排各工作地的每日生产任务。

在编制车间内部生产作业计划时,应认真核算车间的生产能力,根据生产任务的轻重缓急,安排零件投入、加工和产出进度,应特别注意最后工段、前后工序互相协调,紧密衔接,以确保厂级生产作业计划的落实。

4.1.2　成批生产的生产作业计划

1. 成批生产的特点

从生产作业计划的角度考虑,成批生产方式具有以下特点:

1)从产品的角度分析。企业所生产的产品的品种较多,且多为系列化的定型产品;产品的结构与工艺有较好的相似性,因而可组织成批生产;各品种的产量不大;在同一计划期内,有多种产品在各个生产单位内成批轮番生产。

2)从生产工艺的角度分析。各产品的工艺路线不尽相同,可有多种安排产品的工艺路线;加工设备既有专用设备又有通用设备;生产单位按照对象原则(如组成生产单元)或工艺原则组建。

3)从需求的角度分析。生产任务来自用户订货或依据市场预测;一般对交货期有较严的要求;一般有一定的成品、半成品和原材料库存。

4)从组织生产的角度分析。在同一时段内,存在生产任务在利用生产能力时发生冲突的现象,特别是在关键设备上,由于品种变换较多,导致设备准备时间占用有效工作时间比重较大;生产作业计划的编制在较大量生产情况时具有较大的灵活性,因而具有较大的复杂性和难度。

2. 成批生产的生产作业计划的编制

(1)厂级生产作业计划的编制

成批生产的厂级生产作业计划,其内容包括安排各车间投入、产出的制品种类、时间与数量。成批生产的生产作业计划编制思路与大量生产类似,但在具体方法上又有所不同。在大量生产情况下,由于生产任务稳定,可以通过控制在制品的数量实现生产作业计划的编制。而在成批生产情况下,由于生产任务不稳定,故无法采用在制品定额法编制生产作业计划。但是通过产品的交货日期可以逆序计算出各工艺阶段的提前期,再通过提前期与量之间的关系,将提前期转化为投入量与产出量。这种基于提前期的方法称为累计编号法。

采用累计编号法时,生产的产品必须实行累计编号。即从年初或开始生产该型号的产品起,按照成品出产的先后顺序,为每一个产品编一个累计号码。在同一个时间点,产品在某一生产工艺阶段上的累计号码,同成品出产的累计号码的差称为提前量,其大小与提前期成正比例关系。

(2)成批生产车间内部生产作业计划的编制

成批生产车间内部生产作业计划工作包括一系列的计划与控制工作。它要将下达的通常为台的厂级生产作业计划分解为零件任务,再将零件任务细化为工序任务,分配到有关的生产单位或工作地,编制生产进度计划,并做好生产技术准备工作,组织计划的实施。由于在成批生产方式下,生产任务不稳定,订货常有变化;车间的零件任务众多,它们的工艺各不相同,多种工序共用生产设备。所有这些使得车间内生产作业计划工作变得比大量生产情况下复杂得多。因此,需将其分解为不同的层次进行计划与控制。一般分解为三个层次:作业进度计划、作业短期分配和作业的进度控制。

4.1.3 单件小批量生产的生产作业计划

1. 单件小批量生产的特点

在单件小批量生产条件下,企业所生产的产品品种多,每个品种的产量很小,基本上是按照用户的订货需要组织生产;产品的结构与工艺有较大的差异;生产的稳定性和专业化程度很低。生产设备采用通用设备,按照工艺原则组织生产单位,每个工作中心承担多种生产任务的加工。产品的生产过程间断时间、工艺路线和生产周期均长。但是,单件小批量生产方式具有生产灵活,对外部市场环境较好的适应性等。

基于上述特点,单件小批量生产的生产作业计划要解决的主要问题是如何控制好产品的生产流程,使得整个生产环节达到均衡负荷,最大限度地缩短生产周期,按订货要求的交货期完成生产任务。

2. 单件小批量生产作业计划的编制

编制单件小批量生产作业计划时由于每一种产品的产量很小,重复生产的可能性很小,无周转用在制品,在安排计划时,主要考虑期限上的衔接、负荷与生产能力的均衡。常用的方法有以下几种。

（1）生产周期进度表法

此方法的具体过程与编制总日历进度计划的过程类似。首先依据订货合同,确定产品的生产阶段。其次编制订货说明书,具体规定该产品在各车间的投入与出产期限。最后编制综合日历进度表。

（2）生产进度百分比法

所谓生产进度百分比法就是对某项产品规定在各个时间段应完成总任务的百分比的方法。用百分比规定并控制各车间在每个时间段应完成的工作量,可以防止因生产延误而影响交货日期。具体过程:首先根据产品的出产日期以及它们在各车间的生产周期,确定各车间制造该项产品的时间。其次,根据进度要求,下达完成计划任务的百分比。最后,车间根据百分比,计算出该项产品在本车间的总工作量并编制车间日历进度计划。此方法适用于生产周期长的大型产品。

（3）网络计划技术

网络计划技术是指在网络模型的基础上,对工程项目进行规划及有效地控制,使资源发挥最大的功能,节省费用、缩短工期、提高工作效率的一种科学方法。广泛用于项目管理、单件小批量生产计划。应用于生产作业计划工作的主要过程如下:

1）计划阶段。根据产品的结构、工艺路线、工序间的逻辑关系,绘制生产过程网络图。

2）进度安排阶段。依据网络图,确定生产过程的关键工序,利用非关键工序的时差,通过调整工序的起讫日期对制造资源进行合理分配,编制出各工序的开工与完工时间进度表。

3）控制阶段。应用网络图与时间进度表,定期对生产实际进展情况做报告和分析,必要时修改网络图与进度表。

4.2　车　间　调　度

4.2.1　车间调度问题描述

车间调度就是对一个可用的加工机床集在时间上进行加工任务集分配,以满足一个性能指标集。从数学规划的角度看,车间调度问题可表达为在等式或不等式约束下,对目标函数的优化。典型的车间调度问题包括一个要完成的作业集(零件集),每个作业由一个操作集(工序集)所组成,各操作的加工需要占用机床或其他生产资源(人员、刀具和辅助资源),并且必须按一些可行的工艺次序进行加工;每台机床可为加工零件进行若干操作,并且在不同的机床上能加工的操作集可以不同。调度的目标是将作业合理地安排到各机床以及合理地使用其他生产资源,并合理安排作业的加工次序和加工时间,使约束条件被满足,同时优化一些生产性能指标。

车间调度问题的特点是多个工件在有限的机器上加工,每台机器在切换不同工件生产时需要一定的准备时间。切换加工次数增加有利于减少工件的库存,但会导致生产率下降。因此,需要在库存成本和工件切换加工频率之间取得平衡。生产的柔性体现在设备使用和设备安排两个方面,设备使用的柔性是指设备可用于多个零件的多道工序的加工;设备安排的柔性是指工件的设备加工路径不是固定和预先确定的,具有可选的路径,可以通过将若干设备组作为一条或者多条生产线加工一种工件,使得该工件生产率最高。

影响调度问题的因素很多,正常情况下有产品的投产期、交货期(完成期)、生产能力、加工顺序、加工设备和原料的可用性、批量大小、加工路径、成本限制等,这些都是所谓的约束条件。有些约束条件是必须要满足的,如交货期、生产能力等,而有些达到一定的满意度即可,如生产成本等。这些约束条件在进行调度时可以作为确定性因素考虑。而对于设备故障、原料供应变化、生产任务变化等非正常情况,都是事先不能预见的,在进行调度时大都作为非确定性因素考虑。

4.2.2 车间调度的模型表示

1. 整数规划(IP)模型

整数规划模型由 Baker 提出,需要考虑两类约束:工件工序的前后约束和工序的非堵塞约束。用 t_{jk} 和 c_{jk} 分别表示工件 j 在机器 k 上的加工时间和完工时间。如果机器 h 上的工件加工工序先于机器 k(用 $J_h < J_k$ 表示),则有关系式 $c_{jk} - t_{jk} \geq c_{jh}$;反之,如果 $J_k < J_h$,有 $c_{jh} - t_{jh} \geq c_{jk}$,定义指示系

数,$x_{ijk} = \begin{cases} 1, i \text{ 先于 } j \text{ 到达机器 } k \\ 0, \text{其他} \end{cases}$, $a_{ihk} = \begin{cases} 1, J_h < J_k \\ 0, \text{其他} \end{cases}$,$M$ 为一个大数,则工序

的前后约束表示为 $c_{ik} - t_{ik} + M(1 - a_{ihk}) \geq c_{ih}$;工序的非阻塞约束为 $c_{jk} - t_{jk} + M(1 - x_{ijk}) \geq t_{jk}$,$i, j = 1, 2, \cdots, n; k = 1, 2, \cdots, m$,以 $C_{\max}$ 为目标的 IP 模型可以表示为

$$\min \max_{\substack{1 \leq k \leq m \\ 1 \leq i \leq n}} \{c_{ik}\}$$

s.t. $c_{ik} - t_{ik} + M(1 - a_{ihk}) \geqslant c_{ih}$

$c_{jk} - c_{ik} + M(1 - x_{ijk}) \geqslant t_{jk}$

$c_{ik} \geqslant 0, a_{ihk}, x_{ijk} = 0, 1 \quad i, j = 1, 2, \cdots, n; h, k = 1, 2, \cdots, m$

如果以平均流程时间为目标函数,可以改为 $\min \dfrac{1}{n} \sum\limits_{i=1}^{n} \max\limits_{1 \leqslant k \leqslant m} \{c_{ik}\}$,大数

M 在可行区域范围内的取值由 Van Hulle 给出: $M > \left\{ \sum\limits_{i=1}^{n} \sum\limits_{k=1}^{m} t_{ik} - \min(t_{ik}) \right\}$

2.线性规划(LP)模型

Adams 提出的 LP 模型用集合 $N = \{0, 1, 2, \cdots, n\}$ 表示工序,0 和 n 表示虚设的起始和完成工序;M 是机器集合;E_k 是机器 k 上加工的工序对集合,加工时间 d_i 是确定的,工序的起始时间 t_i 是优化变量,则车间调度问题的 LP 模型表示为:

$\min \quad t_n$

$s.t. \quad t_j - t_i \geqslant d_i, \quad (i, j) \in A$

$\qquad t_j - t_i \geqslant d_i \quad$ 或 $\quad t_i - t_j \geqslant d_j$

$\qquad t_i \geqslant 0, \quad (i, j) \in E_k, \quad k \in M$

3.图模型

车间调度的非连接图模型 $G = (N, A, E)$ 由 Balas 提出,N 包含代表所有工序的节点,A 包含连接同一工件的邻接工序的边,E 包含连接同一机器上加工工序的非连接边,非连接边可以有两个可能方向。调度过程将固定所有非连接边的方向,以确定同一机器上工序的顺序,并采用带有优先箭头的连接边取代非连接边。

4.2.3　车间调度问题分类

车间调度问题的分类,根据研究的侧重点不同有多种分类方式。

(1)资源约束种类和数量

单资源车间调度(Single Resource Constrained):只有一种资源制约着车间的生产能力。在绝大多数的相关科技文献[1-25]中,单资源一般指车间生产环境中,只有机床设备的数量不能同时满足所有可加工工序立即被加工的要求。

双资源车间调度(Dual Resource Constrained):同时有两种资源制约着车间的生产能力。机床设备往往是制约资源之一,车间有时会缺乏有经验或一技之长的工人,也可能某种类型的刀具数量有限,因此这两种资源可以

是机床设备和工人或刀具。这种情况的表现形式之一,就是工人数量少于机床设备的数量。车间中也常常会发生一些辅助资源有限的情况,如一个车间只有一辆或两辆自动物料运送车(Automated Guided Vehicle,AGV),然而需要同时传送的零件数量很可能较多,在这种情况下,自动物料运送车也会成为制约车间提高生产能力的一个重要因素。同理,奇缺的刀具、夹具以及运送零件的叉车、吊车和货盘等都可能成为第二种制约资源。

多资源车间调度(Multiple Resource Constrained):同时有两种以上的生产所需资源制约着车间的生产能力。这些资源包括员工、机床设备、机器人、物料运送系统和辅助资源,如货盘、夹具和刀具等。

单资源车间调度是双资源车间调度的特例,双资源车间调度又是多资源车间调度的特例,所以多资源车间调度问题是最复杂的一种。

(2)零件和车间构成

生产车间调度(Job Shop Scheduling):在这种车间中,机床设备的布局可以是任意的,因此零件的加工路径也是任意的,并且各零件的工序内容和数量也是任意的,这是一种最一般的车间调度形式。

流水车间调度(Flow Shop Scheduling):在这种车间中,每个零件都有相同的加工路径。这样,机床设备的布局如同流水生产线一样,零件依次从流水生产线的一端进入,最后从另一端流出。

开放车间调度(Open Shop Scheduling):每个零件的工序之间的加工顺序是任意的。零件的加工可以从任何一道工序开始,在任何一道工序结束。

单车间调度(Single Shop Scheduling):在这种车间中,每个零件只能有一道工序。

(3)加工特点

静态车间调度(Static Scheduling):所有的零件在开始调度时已经准备就绪。车间的调度不考虑零件在加工过程中出现的意外情况,如机床突然损坏、零件的交货期提前、有更紧急的零件要求被加工等。

动态车间调度(Dynamic Scheduling):车间的调度要求考虑零件在加工过程中出现的各种意外情况。这种调度方式要求调度能随时响应车间加工能力的变化,在有突发事件出现后,能立即根据当时的车间加工能力,对待加工的零件重新展开调度,以确保在任何时候,都能保持车间的加工性能指标处于最优或次优状态。

(4)目标函数

实际的车间调度问题是多目标的,并且这些目标之间往往会发生冲突。常见的调度指标如下。

1）反映调度成本的指标。调度中发生的费用有启动成本、换线成本、加工费用、工人加班费用、过期赔偿费用、在线库存费用、调度管理费用等。由于调度净现值指标能综合反映上述费用，所以得到广泛应用。

2）反映调度性能的指标。包括生产周期、平均流动时间、机床利用率、工人利用率等。

3）反映用户要求的指标。包括最长拖期时间、平均拖期时间、拖期零件的数量等。

4.2.4　车间调度问题研究现状

到目前为止，研究调度问题的主要理论仍然是产生于 20 世纪 50 年代的经典调度理论（Classical Scheduling Theory）。一般认为，Johnson 于 1954 年对两台机器下作业排序问题的求解是经典调度理论产生的重要理论。他首先在文献中提出了 n、m、F、C_{max} 问题的优化算法，并且在此基础上给出了针对 n、m、F、C_{max} 中的一些特殊情况的算法[26]。Jackson 在他的一个研究报告里首先提出了 EDD 规则[27]；Smith 也提出了单机（Single Machine）问题的几个优化规则[28]。这段时期的研究成果主要是提出了针对特殊的和规模较小问题的解析优化方法，一般仅适用于单机和简单的流水车间（Flow-Shop）问题，研究范围较窄，但这些早期的工作为经典调度理论后来的发展奠定了基础。

20 世纪 60 年代，人们开始用一些普通的优化方法来解决调度问题，主要是一些数学规划方法（如分支定界法和动态规划法），如 Story 等[29]、Ignall 等的研究，同时也有人开始将启发式算法应用到调度问题的研究中去，如 Gere[30]、Gavett[31] 提出的方法。P. Mellor 系统总结和归纳了调度问题的有关定义和概念，包括研究调度问题的 12 条假设、27 个调度目标和一些解决问题的方法[32]，他注意到了调度理论同实际生产脱节的问题；Conway 等（1967）提出了调度问题的描述系统[33]。60 年代末，一个完整的经典调度理论体系开始初步形成。

20 世纪 70 年代，问题复杂性方面的理论工作研究开始了[34-35]，人们发现大多数调度问题都是 NP-complete 问题或 NP-hard 问题，一般很难找到解决这些问题的快速算法，因此解决调度问题的启发式算法开始成为求解调度问题的重要算法。如 Campvell、Gupta、Baker、Danwnbring、Garey 和 Gonzalez 等[36-41]，都提出了很多重要的算法。Panwalkar 等回顾了 20 年来调度理论的研究情况，总结和归纳出 113 条调度规则，并对其进行了分类[42]；我国学者越民义等开始研究调度问题。到 20 世纪 70 年代末期，经典调度理论开始趋向成熟。

20世纪80年代初期,Stephen等人从三个方面对调度问题进行了重新考察,并根据调度理论在实际中的应用情况,对未来发展做了一些分析和预测,其认为调度理论与实际的结合已经成为调度研究的首要问题[43-44]。这个富有挑战性的课题吸引了来自机械制造、自动化技术、计算机科学、企业管理、系统工程和应用数学等多个领域的学者,许多跨学科领域的技术和方法被应用到调度问题的研究中[45-47],调度成为一种跨学科的研究领域。其中一项最引人注目的工作是以Camegie-Mellon大学的M. Fox为代表的学者们开展的基于约束传播的ISIS研究,这项研究标志了人工智能真正应用于调度问题,其后这方面出现了一系列重要的研究成果。20世纪80年代后期,Rodammer等人(1988)总结了生产调度的理论和实践方面的最新研究进展[48],他们从七个方面论述了有关生产调度的技术和方法,包括传统的调度理论、控制理论、人工智能和离散事件仿真等,同时也讨论了 MRPⅡ、JIT、和 OPT 等技术的应用情况,他们认为,生产调度无论在理论还是实践上都已经开始打破传统的界限。

20世纪90年代,对调度问题的研究进入了高潮,各种研究手段得到了充分的发挥,同时还不断有新的研究工具被应用到调度研究当中。比较有代表性的技术有遗传算法、人工神经网络、Petri网、模糊数学和系统仿真等[48-54],智能调度已成为调度研究的主流,其中分布式人工智能技术,特别是多代理技术在调度研究中的应用成为该领域的一个新的发展方向。

近几年来,随着软件技术及其他相关技术的发展和计算机硬件性能的提高,开发智能化生产计划与控制系统的时机已经成熟。目前,国外许多科研机构和软件公司都研究和开发了针对各种生产实际的生产作业计划和调度系统。在国内,许多高校和科研机构如清华大学、中科院沈阳自动化研究所和东北大学等单位参与了该领域的工作,有些成果已经在国家的 CIMS 示范工程中得到了一定程度的应用。但多数企业的车间生产作业计划与调度软件都是针对某生产车间定制的,它只能应用于特定的场合,而当前无论是开发者还是使用者,都迫切需要实现通用性好、适用面广、智能化程度高的生产作业计划及资源优化智能支撑系统。

4.2.5　车间调度的发展趋势

随着市场的不断变化及对产品个性化的需求,多品种中小批量生产方式已经逐渐成为制造业的发展主流,车间的计划与调度问题也变得越来越复杂化。生产计划与调度是一个复杂的过程,涉及生产信息管理、生产资源管理、生产组合管理等信息的集成,还要考虑到生产实时性的要求。科学地制定生产调度方案,对于控制车间的在制品库存,提高产品交货期的满足率,缩短产品供货周期和提高企业生产率起着至关重要的作用[55]。

这个复杂系统高效运转的关键是提高每个职能计划工作的质量和效率,并不断改善信息交流。市场的不确定性和变异性是生产计划和调度系统运作的主要障碍,这就要求生产计划和调度系统要不断提高它的应变能力和柔性[56]。

针对上述存在的问题以及车间调度系统的日益复杂性,目前车间调度问题的研究形成了下列一些策略和研究趋势。

多目标调度问题引起了越来越多学者的关注。其研究方法主要有采用先验偏好信息的方法,即在求解问题之前,获取决策者的偏好信息。比如,Cavalieri 和 Gaiardelli[57] 先通过调查,得到了综合目标与生产周期和平均延误时间的函数关系,然后按综合目标搜索最优调度。Dagli 和 Sittisathanchaic[58-59] 用神经网络把多个目标映射成一个综合指标。由于调度问题非常复杂,取得准确的"先验"偏好信息是很难的,所以得到的结果往往不能反映决策者的真正偏好。

采用后验偏好信息的方法,即直接根据问题的性质和结构求出部分以至全部非劣解,再由决策者选择一个最满意解。基于这种思想,Murra[60] 等提出了多目标的遗传算法,该算法可得到多个非劣解。Ponnambalam[61] 等人用该方法研究了作业调度问题,证明了该算法的有效性,但当非劣解数目多时,如何从中选择最满意解是个有待决策的问题。

逐步取得偏好信息的方法。在决策过程中,决策者通过与辅助决策系统进行对话来加深自己的认识,辅助决策系统根据决策者新的认识重解空间,对话和搜索过程不断进行,直到找到最优解。

在车间调度领域,美国普渡大学(Purdue University) 的 Reha Uzsoy 教授的研究成果获得一致好评。Reha Uzsoy 教授为车间调度研究指出了几个方向:第一,应该认真研究调度对企业的性能影响,这包括对计划和调度的充分理解;第二,应该认真研究制造过程中遇到的突发事件对调度的影响,现在对这方面的认识还远远不够;第三,需要一种强有力的、基于理论的算法在合理的 CPU 时间内获得调度的次优解;第四,他认为,车间调度在未来十年内仍将是一个热门领域。

与 Reha Uzsoy 教授一样意识到理论和实际的差距的还有加拿大的 Kenneth McKay 教授,但他是从人文的角度来思考这个问题的[62]。他认为以往调度的含义太过于狭隘,已经不能适应现代工业的发展。从车间调度者的观察角度出发,不确定性是调度的最大难点,也是任何现代化的工厂所无法避免的。比如,任何维护措施不能避免机床损坏,不可能所有的加工在失控之前都能加以纠正,操作人员不可能总能记住正确的步骤以及输入正确的数据。由此,他认为正是实际加工过程的不确定性驱动着调度过程,并且提出了三个原则:局部原则、预测原则和临时原则。同时 Kenneth McKay 教授指出这些原则还处于描述阶段,有待深层次的研究使其成为规范。

生产计划与作业调度是生产车间的两个关键任务。所谓路径规划就是根据指定的目标找出最合适的加工工序和加工路线;而作业调度则是根据给定的工艺路线为工件在时间上分配加工资源[63-64]。在以前的大多数研究中,工艺路线的优化与作业调度的优化是分开进行的,这就导致了加工系统生产效率低,缺乏灵活性。因此,有些学者[63-76]提出了把生产计划与作业调度集成在一起的工作方法,即为工件安排尽可能多的工艺路线,调度时根据车间的动态情况来选择一条最佳的路线来加工。Tan 和 Khoshnevis[65]通过调查认为这种方法能使生产周期、机床设备利用率等指标得到重大改善,Hankins 等人[66]也证实这种方法能提高车间的生产能力。

现在常用的性能指标均以时间作为衡量标准,但是有从事经济方面的学者提出应该以价格作为衡量标准。采用经济性能指标至少有以下两个理由:一方面,基于时间的性能指标常常发生冲突。例如,以零件延误时间作为性能指标获得的最佳调度,如果用流动时间作为性能指标来考察,则该调度的性能就很差。另一方面,调度就会对诸如零件利润等成本产生影响,但这些不能从基于时间的性能指标中正确获得。为了将成本因素在性能指标中反映出来,Jones 等人先后提出了一些典型的基于成本的性能指标,他们阐述了成本因素对调度决策的某些影响。最近的研究,采用了一些更加全面的基于成本的性能指标,来考察对调度决策有主要影响的成本因素。这些性能指标都是以涉及加工零件资金流入和流出的净现值(Net Present Value,NPV)为基础的。这个净现值指标被广泛应用在资金投资决策,特别是工程管理方面。在工程建造过程中要计算资金的支出以及工程完工要计算资金的收支时,就要以净现值指标为基础来计算。

4.3   车间调度系统的模型建立及优化算法研究

4.3.1   车间调度系统集成模型的建立

车间层的生产计划与调度问题比较复杂,涉及车间生产特点、业务流程、组织与人力资源、制造资源、产品特性、生产组织方式等许多方面,在实际应用中,需要和车间生产能力与实际相结合,而且多品种中小批量生产条件下,生产计划和调度问题具有随机性,编制生产计划和现场调度的主要依据是用户的订货合同,而用户需要什么、需要多少、何时需要等问题,往往是难以准确预测的,这是决定生产计划与调度具有随机性特征的因素之一。此外,生产过程各工序消耗的时间,受到诸如设备故障、原材料质量不稳定、工人操作速度不稳定等因素的影响,因而各项操作的实际消耗时间是不稳定的,这也决定了生产计划与调度的随机性特征。

工艺加工计划决定了零件的制造加工路线,它在工程设计和产品制造之间起着桥梁作用;生产调度是企业制造的另一个功能,它负责将制造资源分配给由工艺加工计划所决定的零件加工工序,以满足某些加工性能指标。因此,调度功能同时受到工艺加工计划所制定的工序加工顺序和制造资源的双重制约。

现在科技人员仍在不断地努力将工艺加工计划与产品设计进行集成,但对于工艺加工计划与生产调度的集成,则进行的还不够。后者的集成与前者的集成一样都会给企业带来丰厚的收益。如果工艺加工计划不与生产调度进行集成,那么计算机集成制造就不能有效工作。有一些学者发现,由于生产车间环境的变化,大约有 30% 的工艺加工计划需要更改[77]。但是,这些更改往往只由调度人员进行,没有专业的工艺人员参与,更没有反馈到指定工艺加工计划的部门。长此以往,必然造成对制定好的工艺加工计划的懈怠或不重视。

从另一个方面来看,无论是工艺加工计划的制定还是生产调度,都必须在各自的一个很大的解空间中进行最优解的搜寻。如果一个工艺加工计划在生产调度时并没有被遵循,那么寻找最优工艺加工计划的努力就不能得到应有的回报,甚至会付之东流。如果将工艺加工计划与生产调度进行集成,那么寻优时可以在一个统一的解空间中进行,这样不仅可以为两者的集成构造一个统一的基础,而且省去大量的重复性的工作。将工艺加工计划与生产调度进行集成的一个方向就是为每一个零件的加工保留多条工艺加工路线,而不是仅仅给出一条由工艺计划部门制定的最优加工路线,至于最终选择哪一条工艺加工路线,由调度职能部门根据车间的生产状况和环境进行取舍。

尽管工艺加工计划的制定对制造效能影响方面的认识并不是新鲜事物,但将工艺加工计划与生产调度进行集成的思想却还是近 20 年才形成的。Chunwei Zhao 和 Zhiming Wu[78] 研究了柔性加工路线与生产调度之间的关系,每个工件包含一道或多道工序,每道工序可以在多台不同的机床上加工,工序的加工时间随机床的性能不同而变化。调度目标是为每道工序选择最合适的机床,以及确定每台机床上各工件工序的最佳加工顺序及开工时间,使系统的某些性能指标达到最优。

生产计划与调度的复杂性表现为对象复杂性、任务复杂性、目标多样性和关联复杂性。生产计划与调度集成过程中具有复杂的生产过程,并且有许多不确定的因素。它需要从定性和定量两个方面进行分析,定性分析是对车间计划调度的业务过程、组织结构以及信息化管理下的各种活动或功能进行集成。定量的分析是从建立数学模型的角度对车间计划调度活动进行集成优化。生产计划与调度问题主要从过程模型集成、系统模型集成以及优化模型集成三个方面进行考虑和分析。

1. 过程模型集成

过程建模的主要目的是解决如何根据过程目标和系统约束条件,将系统内的活动组织为适当的经营过程的问题。过程建模可用于准确描述企业的经营过程,供流程分析和优化,用于在不同的组织和信息系统间共享经营过程知识,便于实现基准工程以及企业动态联盟等,用于企业实施 CIMS,根据设计的企业过程模型进行相应的功能构件配置,使得所建立的系统能够按过程横向设计,从而满足企业核心价值流的要求。

过程模型是一种通过定义组成活动及其活动之间逻辑关系来描述工作流的模型[79-80]。有很多方法都可以用来进行过程模型的定义和描述。目前较为广泛接受的建模语言有 CIM－OSA 的经营过程描述语言[81],工作流管理联盟(WFMC)定义的工作流描述语言[82]以及 Keller[83-84]等人提出的 EPCM 模型等。对其的描述形式类似程序设计语言的语义结构。另外一种做法是采用传统项目管理的一些概念和模型表述经营过程,例如 PERT 图[85]等。IDEF 方法[86]可用于流程分析,此外企业价值链(Value Chain Model)[87]也是一种基于功能过程分解的建模与分析方法。

不同的过程建模方法有不同的应用范围,如 IDEF3 方法主要用来描述企业业务过程的知识获取问题,Petri 网的方法[88]主要用来分析企业业务过程(特别是制造过程)的静态与动态特性问题。PERT 图和 GANTT 图模型主要用来进行项目管理和控制开发与实施项目的进展情况。工作流模型主要用来分析优化企业的经营过程,并将重点放在经营过程的自动化执行上。

过程建模是为了实现过程集成。过程集成就是在完成过程之间的信息集成和协调后,进一步消除过程中各种冗余和非增值的子过程(活动),以及由人为因素和资源问题等造成的影响过程效率的一切障碍,使企业过程总体达到最优。过程集成是企业集成的基础,它包括横向和纵向两个方面。横向方面表现为平行或并行过程之间的集成,纵向表现为上下游过程之间或时间上先后的过程之间的集成。

由于过程是建立在子过程和活动基础上的,根据过程可分解的各个元素之间的关系不同,集成可分为各种不同的层次,在子过程、活动之间可以有多种层次的集成,如在同一个过程内部活动的集成,活动与子过程的集成以及子过程之间的集成。

2. 系统模型集成

这里所说的系统模型集成是指信息集成。企业的各个应用系统有不同的功能、不同的软件平台、不同的数据结构,如何能实现共享和集成,需要建模分析技术,并且要有正确的方法、合适的软件工具。

企业信息系统建模作为企业信息集成的决策支持工具和方法,是信息系统开发的关键。目前针对软件系统的建模方法和理论较多。由于在信息系统的开发过程中一个很重要的问题就是如何对问题域进行描述,为了方便对问题域的局部进行理解,人们提出了许多成熟的技术,实际应用中效果也很好,但对于如何从全局的角度支持对问题域的理解,也就是如何对整个问题域进行建模这个问题上,至今尚未出现一个很完善的方法,所以不同的人提出了不同的建模技术。每个人的角度都不一样,在实际应用中如何根据技术的不同特点,采用合适的技术就成了一个很重要的问题。

目前常见的几种建模技术包括 E － R 图[89]、DFD 图[90]、Coad － Yourdon 建模技术[91]、OMT 建模技术[92]、Petri 网、IDEF 系列、UML 等。企业信息系统建模作为企业信息集成的决策支持工具和方法的集合,是信息系统开发的关键。IDEF 和 UML 分别作为面向结构和面向对象的建模方法,已经得到了广泛的应用,但它们也都有不足之处。

IDEF 方法是面向结构的分析方法,包括 IDEF0、IDEF1、IDEF1x、IDEF2、IDEF3、IDEF4 和 IDEF5 等。其中 IDEF0 功能模型和 IDEF1x 信息模型用于捕捉现有的和将来的信息管理需求;IDEF1x 数据模型,IDEF2 系统动态模型和 IDEF4 面向对象的设计是支持系统设计需求的方法;过程描述方法 IDEF3 和本体论方法 IDEF5 用于捕捉现实世界信息以及人、事物等之间的关系。现在一般常用的是 IDEF0、IDEF1x 和 IDEF3,而 IDEF2、IDEF4、IDEF5、IDEF8 等还不够成熟。

UML 是近些年发展起来的一种可视化建模语言,目标注重于软件的发展。UML 建模语言全面体现了面向对象的设计思想,它贯穿于系统开发的需求分析、设计、构造以及测试等各个阶段,从而使得系统的开发标准化,同时具有很强的扩充性。

但是 UML 不是形式化的建模语言,缺乏精确的语义描述,并且要按照特定的设计模式(可以积累和重用设计知识)设计系统,在可以有效地捕捉业务过程的特定领域中才能得到有效应用,目前尚处于发展的初级阶段。

IDEF 方法源于制造业的信息系统建模,需要在面向对象设计、知识表示和软件发展方面进一步完善。而 UML 方法源于面向对象的软件发展领域,需要在业务过程建模方面进一步扩展。在大型集成信息管理系统开发过程中,单纯采用 IDEF 方法和 UML 方法并不能简洁、清晰地建立灵活、可扩展、可重用的管理信息系统。

美国 Griffith 大学的 Ovidiu S. Noran[93] 详细地分析、比较了 UML 和 IDEF 这两种业务建模方法的优缺点;韩国 Daejon 大学 Cheol-Han Kim 等人[94] 通过分析、比较 UML 和 IDEF 这两种业务建模方法的优缺点提出了 UML 和 IDEF 相结合的系统建模方法,分别采用了 IDEF0、IDEF1x、IDEF3 以及 UML 的各种模型图;爱尔兰 Loughborough 大学的 J. M. DORADOR 等人[95] 阐述了 IDEF0、IDEF3 和 UML 相结合的一种建模方法等。

3. 优化模型集成

在分析车间计划调度集成问题时,不仅要定性,而且要定量,通过综合运用各种数学方法与知识,建立数学模型,对车间计划调度活动进行观察、分析、比较与调整。由于计划和调度是一个复杂的决策过程,通常被分解为若干决策子问题以便求解,再通过某种手段去协调各子问题之间的关系。生产计划和调度的优化模型集成过程是一个两级多目标 — 约束满足问题。

Thomas 和 McCLain 于 1993 年对生产计划和生产调度给出了如下定义:生产计划是确定下几个时间周期内生产任务量的过程,以周期性的计划编制为间隔。生产计划也确定预期的库存量、劳动力及其他完成生产计划所需的资源。生产计划编制需要综合考虑生产设备、产品需求及生产平均期。

生产调度则是在机器上不同时间间隔中分配操作任务的过程。生产调度的目标是为了平衡不同机器之间的负载而将特定的任务分配到特定的机器上,从而有效利用可用的机器。生产调度提高了机加工车间的效率和效力。

生产调度比生产计划更为详细,在更小的时间段甚至连续时间内为生产特定的产品分配特定的资源。尽管生产调度更为详细,但生产计划往往不能准确地执行。机器故障、工人离岗、紧急工件及其他扰动都会引起调度变化。一个生产计划或生产进度的实时执行过程通常称为任务分派。这些决策是操作生产设备的重要部分,生产调度必须按照决策执行,实际生产状况的信息反馈可辅助下一步生产计划的编制。

生产调度问题多研究如何构建有效的算法以解决不同的调度问题,如单件车间调度、流水车间调度及并行机调度问题等。由于生产调度问题的NP 特性,找到一个解决中等规模的调度问题(如 10 个作业,10 台机器)已经具有很大的挑战性。调度系统与其他系统之间的集成在近些年来开始被研究和重视。目前已有的生产计划和调度集成方法,主要包括基于工作流技术、基于多代理系统和数学规划方程的求解方法等。

林慧平等人[96]针对已有的规划方程和基于多代理的方法在解决复杂的生产计划和调度问题时所面临的建模过程复杂、求解困难等问题,提出了一种基于工作流分层调度的模型,采用面向过程的思想,分别描述计划过程和调度过程,并提出了基于协调的生产计划和调度集成系统及其相应的集成算法。

周万坤等人[97]提出了基于工作流技术的集成化生产计划和调度模型,分析了传统模式的弊端,提出了基于工作流技术的并行协调的过程管理解决方案,从系统结构、模型定义、工作流管理系统及计划调度解决方法等方面分析了系统内各功能模块的功能及实现机制,提出了采用时间分段的思想来实现计划和协调调度。

但是,由于工作流技术存在的不足之处,使得工作流系统还没有得到普及。罗海滨[98]等人分析了工作流技术的不足之处,如工作流技术缺乏标准、实现机制较复杂、本身的不成熟性以及在安全性、容错性、可靠性等方面均不能满足企业的需求,而且在价格上也给企业造成一定的负担。

研究人员提出了多种基于多代理(Multi-agent)技术的生产计划和调度集成系统。[99-104]但是,这些研究仍局限在实验室,多数为原型系统,没有真正投入实际生产。如由于缺乏设计方法、通信协议及代理之间的任务分配的标准,使基于 Multi-agent 的系统在实际应用方面还存在困难。

熊锐[105]等人建立了一个车间的集成生产计划和调度模型,同时考虑了工序加工的先后顺序约束和作业在机床上加工的能力约束,并采用拉氏松弛技术对其进行求解,通过引入辅助变量,得到原问题的松弛问题,分解为一个松弛的计划子问题和一个松弛的调度子问题,各子问题可用有效的动态规划算法求解,而对偶问题极大化则采用次梯度方法,但求解松弛调度子问题的算法的计算复杂性较大,难以解决大规模问题。

Anwar 和 Nagi[106]针对复杂的装配型产品制造,给出了一种启发式方法,通过对产品订单进行分组,寻找网络关键路径进行调度,以准备时间、库存和总交付周期最小为目标,来确定最优批量,但没有考虑多周期加工情况。

文献[107]针对多级、多资源约束的柔性生产线,以使总的调整费用、库存费用及加班费用之和最小为目标,建立了一种分批与调度集成的通用模型,并采用遗传算法结合分批与调度集成问题的启发信息来求解,设计了一种同时包含分批信息和加工排序信息的特定染色体编码,并设计了相应的遗传操作算子,最后将该方法应用于某回转体零件柔性加工系统的分批与调度决策中,获得了满意的结果。但该模型没有考虑生产费用和调度约束。

张晓东等人[108]讨论了一类 Job Shop 的生产计划和调度的集成优化问题,给出了该问题的非线性混合整数规划模型,并采用遗传混合算法进行求解。该模型利用调度约束来细化生产计划,以保证得到可行的调度解。在混合算法中,利用启发式规则来改善初始解集,并采用分段编码策略将计划的调度解映射为染色体。但该模型没有考虑成批生产的调整费用,调度约束仅考虑了工序约束,没有考虑能力约束,即在任何时间点上,一台机床最多只能加工一个工件。

文献[109-113]针对成组技术中小批量生产成本高、生产周期长的弊病,以确定各工件的生产量和投产顺序最能取得理想经济效果的关键环节,进行生产计划和调度的集成问题研究。Sekiguchi 研究了组间带生产准备时间的两机床成组调度问题。Vickson 和 Alfredsson 研究了两机床和三机床的成组调度问题,并指出两机床成组调度问题可以用 Johnson 规则解决。对多工序的成组调度问题,可用启发式算法寻找次优解。武振业提出了两工序成组流水线上多品种、多工序加工时生产计划和调度的集成模型。周国华和赵正佳建立了成组流水线上多品种、多工序加工时生产计划和调度的集成模型,并提出了一种二进制编码与有序编码相结合的两层次遗传优化方法。

F Riane[114] 等人设计了一种混合流水车间的生产管理决策支持系统,系统的两个主要部分包括计划调度问题分解和闭环反馈信息机制。生产信息反馈通过仿真来完成,生产计划和调度的集成模型采用基于层次分解法,计划和调度层分别建立了各自的优化目标和约束函数,通过建立计划和调度层之间的迭代关系来克服两者之间的优化目标冲突的弊端,并给出了调度执行层反馈信息到能力需求计划层的仿真过程。

Omar Moursli[115] 在其博士论文中提出了一种混合流水车间的生产计划和调度的集成模型。该论文分析、比较了两种主要的生产管理决策的建模方法(整体建模法和层次分解法)的优缺点,提出了一种基于分解的生产计划和调度集成建模方法,通过两层模型和它们之间的迭代过程实现,解决了以最小化生产成本和库存成本为目标,执行计划时能力资源利用效率不高的问题。

4.3.2 遗传算法在车间调度中的应用

车间调度问题在近十年中被各国学者广泛地加以研究,这些研究采用的技术越来越精致,越来越复杂。由于调度问题涉及的因素很多,目前还没有一个方法能够对车间调度问题进行全面而有效的求解,它们对某种特定或简单的调度情况有效。其中的主要缺陷是缺乏鲁棒性[116],即某一种算法能很好地解决某种特定的问题,但却不能在对算法有少许变动的情况下,同样有效地解决其他环境下的调度问题。

这几年来,不断有学者用新的搜索技术,试图用概率的方法去解决调度系统的鲁棒性问题。在这些技术中,受物种进化的启示而产生的遗传算法就是其中一种。从理论上讲,遗传算法自身就是一种很好的鲁棒性技术,它不仅可以解决各种问题,而且可以获得满意的结果。遗传算法的主要缺点是不能保证总能获得最佳解,但随着遗传结构的不断优化,尤其是它与其他算法(例如模拟退火算法)的结合,使它的有效性也在不断提高,这个缺点现在看来已不显得那么突出了。

C. W. Zhao 和 Z. M. Wu[117] 采用遗传算法解决了具有柔性工艺加工路线的车间调度问题,即所有的工件可以在改变的路线上被加工,每种类型的机器可以有多台。

H. Z. Jia[118] 等人提出了改变后的遗传算法,不仅能够处理传统的调度问题,而且能够解决分布式的调度问题。多种不同的目标可以得到比如最小生产周期、花费和加权多种标准。提出的算法经过典型的标准问题评估已经得到了满意的结果,而且该算法的能力也通过处理分布式调度问题得到了验证。

L. X. Tang 和 J. Y. Liu[119] 应用改变的遗传算法以最小的平均流动时间为目标来解决批量生产的车间调度问题。为了改进传统的遗传算法过程,将两个额外的操作添加到遗传算法中,一个是用上一代中找到的最好解代替最差解,另一个是通过局部搜索改进最有希望的解,最优解经过几代都不能被更新。通过仿真把改变的遗传算法与传统的遗传算法和专用目的的启发式算法进行比较表明:在相似的计算时间内改变的遗传算法的解的质量要优于普通的遗传算法;尽管改变的遗传算法的计算时间要比指定目的的启发式算法长,但前者解的质量要优于后者。

C. George 和 S. Velusamy[120] 基于遗传算法提出了一种调度方法,这种遗传算法是一种置换方法,能够系统地改变任意产生的初始种群并且返回当前最优解。采用上述方法应用平均工件延迟和平均工件花费两种目标来解决多目标优化的调度问题。由于动态调度问题能够较接近真实的车间调度问题,所以考虑了加工环境的变化。通过模拟仿真试验表明该方法产生的调度优于几种普通的分配规则产生的调度。

W. M. Cheung 和 H. Zhou[121] 提出了基于遗传算法和启发式算法的混合算法来解决与安装顺序有关的车间调度问题,采用嵌入的模拟器来实现启发式规则能够很大程度上提高算法的柔性,启发规则中固有的与该问题相关的知识使遗传算法更有效,而遗传算法提供的优化过程使启发式算法更为有效。

C. Oguz[122] 等应用平行遗传算法处理有多个处理器任务的批量调度问题,能够迅速取得较好的解。平行遗传算法在各种条件和参数下被研究和展示。

J. G. Qi[123] 等人使用平行多种群的遗传算法来解决动态车间的调度问题,改变的遗传技术被采用通过使用指定的公式化的遗传算子提供有效的优化搜索。该算法成功改进了通过传统算法取得的解,尤其是在车间调度的问题上。

L. Wang[124] 等人认为在遗传算法中设定优化参数是实质性问题也是最重要的问题之一,优化遗传算法的控制参数主要指的是种群的大小以及交叉率和变异率。应用顺序优化和最佳计算预算来选取最佳的遗传算法控制参数,从而为批处理的调度问题提供合理的性能评估,最后通过标准实例的仿真试验来证明该算法的有效性。

4.3.3 禁忌算法在车间调度中的应用

禁忌搜索(Tabu Search 或 Taboo Search,简称 TS)的思想最早由 F. Glove 在 1986 年提出,它是对局部邻域搜索扩展后的一种全局逐步寻优算法。禁忌搜索算法在组合优化中的应用领域非常广阔。在禁忌搜索刚刚提出来的 20 世纪 80 年代,人们主要用它来解决旅行商(TSP)问题、0-1 背包问题和图节点着色等问题,如 Rego(1998)研究了 TSP 问题的禁忌搜索算法[125];自从 Hurink J 于 1994 年将禁忌搜索应用于 Job Shop 问题后[126],禁忌搜索算法在调度领域获得了蓬勃的发展,而且调度问题至今仍是禁忌搜索算法应用最广泛且成功的一个领域。譬如,尹新等人(1995)提出将禁忌搜索方法应用于解最小化拖期任务数的并行多机调度问题[127];Nowicki 等人(1996)和 Bekoay 等人(1998)分别提出了求解 Flow Shop 的禁忌搜索算法;Verhoeven(1995)研究了资源受限制的调度问题的禁忌搜索算法;Lutz 等人(1998)利用禁忌搜索算法确定生产线中缓冲区的位置和大小;James 等人(1998)利用禁忌搜索算法改善 E/T 调度问题的优化性能[125];胡斌、黎志成(1999)提出了一个面向 JIT 的生产作业计划禁忌搜索算法[128]；
Knnam-Hlam 等人(2000)提出了求解 Job Shop 的一个禁忌搜索算法[125]；
衣杨等人(2000)提出了并行多机成组工件调度的禁忌搜索方法[129]；童刚
等人(2001)提出了一种用于 Job Shop 调度问题的改进禁忌搜索算法,该方
法采用了 HASH 技术存储禁忌表[130]。此外,禁忌搜索还被应用到图分区、
频带分配、0-1 背包问题、时间表设计、满意问题、电力系统设计与调度、聚类
问题、间歇化工设计、卫星通讯、计算机结构设计、光学工程等领域,如
Costamagna 等人(1998)提出了设计电讯网络的一个禁忌搜索算法、
Martins 等人(1998)将禁忌搜索算法应用于公交车网络的设计问题、Talbi
等人(1998)设计了 QAP 问题的一个自适应并行禁忌搜索算法等[125],在此
不再一一列举。目前禁忌搜索算法仍然处于发展之中,而且其应用领域大有
拓宽的趋势。

4.3.4　遗传算法和禁忌搜索算法结合车间调度中的研究现状

最早把记忆功能引入到 GA 中的人是 H. Muhlenbein[131],而 TS 的创始
人 F. Glove 的文献[132]可认为是 GA 与 TS 进行混合的理论基础。文献[132]从
广义的范围对 GA 与 TS 进行分析和比较,但并未提出具体的混合方法。

由于遗传算法的结构是开放的,与问题无关,所以容易和其他算法混
合。Lin 等人把遗传算法和模拟退火进行综合,构成模拟遗传算法；Moscato
提出把遗传算法和禁忌搜索相结合的概念并进行了研究。

吴悦和汪定伟在文献[133]中提出用遗传或禁忌搜索混合算法求解可变
加工时间的调度问题,其基本思想是禁忌搜索算法对于解混合最优问题
COPS(Combinatorial Optimization Problems) 是非常有效的,它在邻域中
重复地搜索准则,快速而高概率地向好的方向移动。但它存在一个问题,即
在算法中必须调整不同的参数,从这点看禁忌搜索没有很好的鲁棒性,因为
参数的选取对最后得到的解有着直接的影响。由于遗传算法只需调整种群
的几个参数而不是单个的解,因而遗传算法是禁忌搜索方法的一个补充。在
寻找最优排序过程中,遗传算法的变异过程的解空间的搜索由禁忌算法实
现,遗传算子的变异过程不采用随机变异的方法,在与种群其他成员繁殖之
前,每个个体进行独立的最优过程。此方法有效地混合了遗传算法和禁忌搜
索算法,对于一类加工时间可变的提前或拖期单机调度问题进行了研究。目
标函数基于任务的提前或拖期惩罚、附加惩罚以及加工时间的偏离量惩罚,
目标是确定最优的公共交货期、最优加工时间和最优加工顺序极小化目标

函数,并与一般的遗传算法相比较,实验结果说明了遗传或禁忌混合算法的有效性。

彭志刚、吴广宇、杨艳丽和徐心和在文献[134]中利用基于遗传算法和禁忌搜索算法结合的混合搜索算法解决一机两流的连铸生产计划编制问题。提出了一种将遗传算法和禁忌搜索算法进行结合的智能搜索算法,以加强遗传算法局部搜索的能力。同时,在遗传算法中采用动态变异概率以防止出现早熟现象,在禁忌算法中采用自适应惩罚系数调整策略来满足模型中的约束,实际的计算结果证实了模型的可行性和算法的有效性。

随着对遗传算法和禁忌搜索算法的深入研究,它们的结合也将会有更多方式,它们的混合算法在车间调度中的应用前景也非常看好。

4.3.5 Petri 网在车间调度中的应用

近年来,Petri 网作为离散事件动态系统的建模和分析工具,已被成功地应用于柔性生产系统的建模、分析和控制。最近一些研究者又提出了基于 Petri 网模型的调度方法[135]。对于复杂的柔性生产系统,其性能指标(如总完成时间、机器负荷分布、机器前作业排队队长、交期惩罚等)很难用递推算法、排队网络等方法获得。因而在建立柔性生产线运行模型的基础上,通过对调度策略的仿真运行获得该调度策略的性能评价的方法具有实际的工程意义。目前,研究人员在用 Petri 网对柔性生产系统建模方面做了很多工作。

王笑蓉和吴铁军[136]利用受控赋时 Petri 网对柔性生产线调度中的离散事件建模,此 Petri 网模型由过程流子网、资源子网和调度控制子网通过同步变迁连接而成。在由 Petri 网仿真运行获得调度性能评价的基础上,采用两级递阶进化优化方法求解柔性生产过程的优化调度问题。首先应用蚁群优化方法优化加工路径,然后根据蚁群在信息素指引下所构造的加工路径,采用遗传算法优化在同一机器上加工的作业排序。应用蚁群优化原理提出了加工路径优化问题的信息素表达方式、解构造策略和信息素更新策略,一组测试问题的求解结果说明了算法的有效性和鲁棒性,但都只是针对生产线本身建模,不能反映作为生产线中外部控制调度策略的影响。

郑锋等人[137]为了完成特定生产环境下的调度规则选择问题,提出一种将遗传算法和过程仿真相结合的调度规则求解方式。在该求解方式中,遗传算法采用分段整数编码,每个染色体都代表一组可用于描述具体调度方案的规则组合;遗传操作包括选择、交叉、变异三种类型;为获得适应度函数值,利用基于某扩展 Petri 网的生产过程模型进行仿真,以在每一代种群中得到与每个染色体相对应的各项性能指标值,进而以一种集成层次分析法和方案模糊评判的决策优化方法求取相应的适应度函数值。另外,为了改善串行遗传算法不切实际的解答时间,用主从式并行遗传算法代替传统遗传算法保证了在时间上和质量上的可行性。

蔡宗琰,王宁生等人[138]根据赋时可重构 Petri 网的可重构制造系统调度算法和赋时可重构 Petri 网的跃迁激发顺序,生成并求解部分可达图,以获得优化或准优化的调度。该算法能以较低的计算成本获得可重构制造系统最小的最长完成时间,用一个调度算例验证了该调度算法的可行性。

K. Ibrahim[139]等人用赋时有色的 Petri 网进行建模并且应用到柔性制造系统中,确定性的赋时有色的 Petri 网模型的建立可用于产品系统初始全局状态到预期的最终状态的性能检测。与启发式算法的有效结合可以解决以求解生产周期最短为目的的车间生产调度问题。

熊惠明和徐国华[140]提出了一种改进的基于 Petri 网的柔性制造系统调度算法。通过在算法中引入虚成本的概念,搜索过程以随系统状态不断改变的虚拟成本代替实际成本来计算估值函数,动态加大系统中负载较大机器的使用代价,从而增大负载较小的机器被使用的机会,有效解决了生成的调度结果中系统内同类型机器间负载不均衡的问题。

第5章　IDEF、UML 和 Petri 网建模方法

5.1　引　言

突飞猛进的科学技术尤其是信息和网络技术,加速了市场全球化和信息化进程。这种新的竞争环境使得企业信息系统不再仅仅作为企业业务过程的后勤支持,而逐渐成为核心竞争部分,企业几乎所有的业务过程都使用信息系统。为了使企业能不断集成新技术和适应环境的变化,要求开发的企业信息系统具有充分的可扩展性、可重用性。

企业信息系统建模首先要对业务过程建立模型,业务过程建模是对业务过程的抽象描述,为企业全部业务结构提供一个高层简化的视图,其是项目成员之间交流、软件系统改进和信息系统重构的基础。业务模型架构是建立系统基础结构,优化业务过程。

5.2　IDEF 建模方法

IDEF 是 ICAM Definition Method 的简写。ICAM 是 Integrated Computer Aided Manufacturing 的简写。IDEF 方法是一套对复杂系统进行建模分析和设计的方法,20 世纪 80 年代初期以来在国内外得到了广泛的应用。美国的 KBSI 公司正在形成一套 IDEF 方法家族,包括 IDEF0、IDEF1、IDEF1x、IDEF2、IDEF3、IDEF4 和 IDEF5 等。其中 IDEF0 功能模型和 IDEF1x 信息模型用于描述现有的和将来的信息管理需求;IDEF2 系统动态模型和 IDEF4 面向对象的设计是支持系统设计需求的方法;过程描述方法 IDEF3 和本体论方法 IDEF5 用于捕捉现实世界信息以及人、事物等之间的关系。现在一般常用的是 IDEF0、IDEF1x 和 IDEF3,而 IDEF2、IDEF4、IDEF5、IDEF8 等还没有成熟。

（1）IDEF0

IDEF0 对系统的功能进行建模，系统由对象、活动和它们之间的联系组成。

IDEF0 模型是由结构化分析方法得到的图形，它由一系列由顶层到底层的图形组成，这些图形严格的由顶向下逐层分解、逐层细化（见图 5-1）。图形中的功能活动用方盒（Box）表示，而功能活动所处理的事件及其需求关系则用箭头（Arrow）表示。

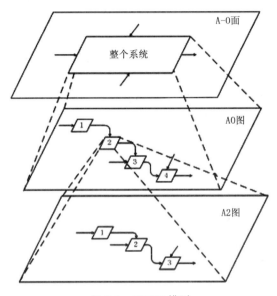

图 5-1　IDEF0 模型

图 5-1 最上层的单个盒子代表整个系统。将这个方盒分解成另一张图形，成为系统模型的顶层图。该图由几个方盒组成，方盒间用箭头连接，用以说明功能活动间的需求关系。

顶层图的每个方盒都代表系统下一层图形的父模块，而下一层图为顶层图的子图。子图中的每个方盒代表父模块的各个子模块，每个子模块还可以再细分来描述详细系统，直到达到最终要求为止。子模块必须以既不增加也不减少的方式真实反映父模块的全部信息。

IDEF0 的基本图形是方盒和箭头组成的（图 5-2），其中方盒代表完成某种功能的活动，用动词或动词短语命名；而箭头表示活动所需要的或活动产生的信息或真实对象。方盒的边表示箭头进入或离开，这四条边分别表示输入（I）、控制（C）、输出（O）和机制（M）。边界箭头是有一个开端（即只有一端与盒子相连）的箭头，它表示父盒子的输入、控制及输出等箭头。要找到边界箭头的源及始点就要检查父图的内容。换句话说，有开端的边界箭头一定与父图中父盒子的箭头一致,我们用专门的符号(称为 ICOM 码)来说明父图中的箭头关系。

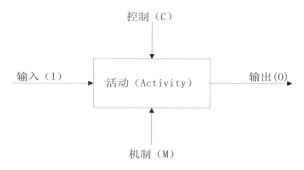

图 5-2 IDEF0 基本图形

输入(I)是指为完成某项活动所需要的数据,用连接到方框左边的箭头表示,并用一个名词短语做标记,写在箭头的旁边。

控制(C)是指活动将输入变换成输出所受到的约束,用连接到方框上边的箭头表示,并用一个名词短语做标记,写在箭头的旁边。

输出(O)是指执行活动时产生的数据,用连接到方框右边的箭头表示,并用一个名词短语做标记,写在箭头的旁边。

机制(M)是指活动由什么来完成,它可以是人或设备,用连接到方框下边的箭头表示,并用一个名词短语做标记,写在箭头的旁边。

(2)IDEF1x

IDEF1x 用来建立信息模型,描述制造系统的环境的信息结构和语义。

IDEF1x 是语义数据模型化技术,它主要用于满足下列需求和应具有的特性:

1)支持概念模式的开发。IDEF1x 语法支持概念模式开发所必需的语义结构,完善的 IDEF1x 模型具有所期望的一致性、可扩展性和可变换性。

2)IDEF1x 是一种相关语言。IDEF1x 对不同的语义概念都具有简明的一致结构。IDEF1x 语法和语义不但比较易于用户掌握,而且还是强健而有效的。

3)IDEF1x 是便于讲授的。设计 IDEF1x 语言是为了交给事务专业人员和系统分析人员使用,同样也是交给数据库管理员和数据库设计者使用的,IDEF1x 能使不同科学研究小组进行有效交流。

4)IDEF1x 已在应用中得到很好的检验和证明。IDEF1x 是基于前人多年的经验发展而来的,它在一些工程中充分地得到了检验和证明。

5)IDEF1x 是可以自动化的。IDEF1x 图能由一组图形化软件包来生成,并且美国空军已开发出了一个现行的三模式词典,在分布式异构环境中,它能利用所得到的概念模式来进行应用开发和对具体事物进行处理。商品化的软件还能支持 IDEF1x 模型的更改、分析和结构管理。

　　IDEF1x 模型的基本结构如下:

　　1)包含数据的有关事物用方盒子来表示。

　　2)事物之间的联系用连接盒子的连线来表示。

　　3)事物的特征用盒子中的属性名来表示。

　　基本结构图如图 5-3 所示。

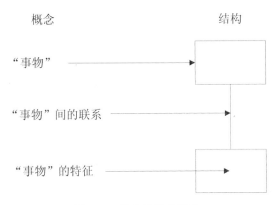

图 5-3　基本模型化概念

　　IDEF1x 的模型成分由实体、联系、属性和关键字组成。

　　(3)IDEF3

　　IDEF3 对过程建模是以过程为中心的视图,它通过场景描述和对象来获取对过程的描述,其中场景是一个组织或系统阐明的一类典型问题的一组情况,针对现实中任何物理的或概念的事物。其带有阴影部分的节点表示有子层次的描述分解。OSTN 图是 IDEF3 中用以获取、管理和显示以对象为中心的知识的基本工具,用以表示一个对象在多种状态间的演进过程。

　　(4)IDEF4

　　IDEF4 为使用面向对象的编程语言提供了设计方法。其主要目标是使得评价面向对象的代码是否符合设计和是否具有所需的生命周期特性变得容易。其模型分为类子模型、方法子模型,前者又可以分为类型图、协议图、继承图,后者可以分为方法分类图和客户图。由此可见 IDEF4 直接提供了类和继承的支持。IDEF4 把面向对象的设计分成离散的可管理的模块,每个子活动由阐明必须做出的设计决策及它们对设计其他方面的影响图形、句法来支持。没有单个的图形能显示 IDEF4 模型所包含的全部信息,这样就减少了混淆,使得快速检索所需的信息成为可能。

（5）IDEF5

IDEF5 是本体论的获取方法。本体论对于大规模的制造或工程项目中实行并行工程非常重要。一个大项目通常有各种不同专业的工作小组，它们之间需要一种规范化的语言。如制造本体论，包括了一个给定的零件是如何制造的约束条件，其能帮助设计师在进行复杂的产品设计时对可制造性有较深的了解。获取本体论的另一个目的是可再生性。本体论模型开发可用于问题识别、问题原因识别、识别其他方案、统一意见和团队建立、支持共享和重用。本体论的结果可用于信息系统、系统开发和经营过程重构，总之IDEF5 在信息系统接口、面向对象设计、编程方面都是一个很好的工具。

5.3 统一建模语言

Grady Booch、James Rumbaugh 和 Ivar Jacobson 创建了统一建模语言（Unified Modeling Language，UML），1997 年对象管理组织（Object Management Group，OMG）对其进行标准化，之后许多公司和个人都使用UML进行软件系统建模。至今，UML 已经成为现代软件工程领域中的重要研究领域之一，也成为业务分析师、需求定义师、系统分析师、软件开发人员和程序员关注的焦点。

5.3.1 UML 基础

UML是一种对软件密集型系统进行信息系统建模的语言，主要包括以下几个重要特征。

1）UML是一种建模语言：一种建模语言必须提供用于建模的词汇术语和词汇组合规则。作为一种建模语言，UML 提供了丰富的建模词汇和组合规则，能够对系统进行逻辑上和物理上的模型描述。UML 语言贯穿于软件开发全生命周期，能够用于系统体系结构中各种不同视图的建模。

2）UML 是一种可视化语言：对有些事物最好使用文字建模，而对另一些事物最好使用图形建模。UML 正是这样的图形化语言，所建立的可视化模型能够清晰地交流。UML 语言元素表现为一组图形标记，每个 UML 图形标记都有其明确的语义，因此一个建模人员用 UML 绘制一个模型，另一个建模人员能够清楚地解析这个模型。

3）UML是一种规格描述语言：UML语言使用规格描述，这样所建立的模型就是精确的、无歧义和完整的模型，从而可指导系统后续的软件分析、设计、开发和部署。

4）UML 是一种构造型语言：UML 使用编程语言的构造型，UML 所描述的模型就可以与各种编程语言直接映射，即可把用 UML 描述的模型映射到各种编程语言。除了直接映射，UML 还具有丰富的表现力，允许模型直接执行、系统模拟并对系统执行进行操纵。

5）UML 是一种文档化语言：开发一个信息系统，除了可执行源代码，还会生成各种制品。这些制品主要包括业务模型、需求分析、体系结构、设计模型、测试代码以及配置管理等。UML 可用于建立系统体系结构和所有文档细节，UML 还提供了用于表达需求和集成测试的语言，最终 UML 提供了对项目计划和发布管理等活动进行建模的语言。

5.3.2　UML 构造块

为了理解 UML 语言的概念模型，需要学习 UML 建模的三大组成部分，即 UML 的基本构造块、支配这些构造块如何放在一起的规则和运用于整个 UML 的公共机制。

UML 词汇表包含三种基本构造块，它们分别是事物（Thing）、关系（Relationship）和图（Diagram）。事物是对模型中最具有代表性元素的抽象，主要包括结构事物、行为事物、分组事物和注释事物，关系是把事物结合在一起，图则聚集了相关的事物和关系。

1. 结构事物（Structure Thing）

结构事物是 UML 模型的静态部分，它们是 UML 模型中的名词，描述了概念或者物理元素。UML 共有七种主要的结构事物，可视化标记如图 5-4 所示。

1）类（Class）：其是对一组具有相同属性、相同操作、相同关系和相同语义的对象进行描述。一个类可以实现一个或者多个接口。在图形上，把一个类画成矩形，通常矩形中写有类的名称、类的属性和类的操作。

2）接口（Interface）：其是对一个类或者组件的一个服务操作集进行描述。因此接口描述元素的外部可见行为，一个接口可以描述一个类或者组件的全部行为或者部分行为。接口定义了一组操作的描述，而不是操作的实现。在图形上，把一个接口画成一个带有名称的圆。接口很少单独存在，而是通常依赖于实现该接口的类或者组件。

3）协作（Collaboration）：定义了一个交互，是由一组共同工作以提供某协作行为的角色和其他元素构成的一个群体，这些协作行为大于所有元素各自行为的总和。因此协作有结构、行为和维度。一个给定的角色可以参与多个协作,因而这些协作表现了系统架构模式的实现。在图形上,把一个协作画成一个通常仅包含名称的虚线椭圆。

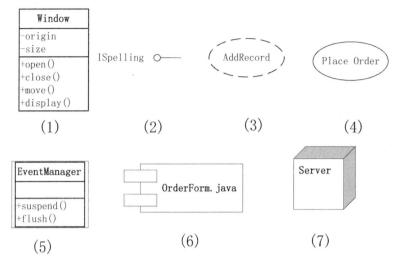

图 5-4 **UML 结构事物**

4)用况(Usecase):其是对一组动作序列的描述,系统执行这些动作将产生一个对特定参与者有价值的可观测结果。用况用于对模型中的功能进行建模,并通过协作来实现。在图形上,把一个用况画成一个实线椭圆,通常仅包含它的名称。

5)主动类(Active Class):主动对象至少拥有一个进程或者线程,因此它能够启动控制逻辑活动。主动类的对象所描述元素的行为可以与其他主动类对象并发执行。主动类的其他特征与普通类是一样的。在图形上,主动类很像类,只是它的外框是粗实线,通常它可以包含名称、属性操作和职责。

6)制品(Artifact):其是系统中物理的、可替代的部件,并由类或组件来显现。在系统中可能有不同类型的制品,包括在开发过程中所产生的各种制品,例如源代码文件、测试规程等。通常制品是一个描述一些逻辑元素的物理包。在图形中把一个制品画成一个带有小方框的矩形,通常在矩形中只写制品的名称。

7)节点(Node):其是运行时执行实例的物理元素,它表示了一个可计算的资源,通常至少有一些记忆能力和处理能力。一个组件集可以驻留在一个节点内,也可以从一个节点迁移到另一个节点。在图形上,把一个节点画成一个立方体,通常在立方体中只写它的名称。

2.行为事物(Behavior Thing)

行为事物是 UML 模型的动态部分,它们是 UML 模型中的动词,描述了跨越时间和空间的行为。UML 共有三种主要的行为事物,可视化标记如图 5-5 所示。

1) 交互(Interaction):它是由在特定语境中共同完成一项任务的一组对象之间交换的消息所组成。一个对象群体的行为或者单个操作的行为都可以用一个交互来描述。交互涉及一些其他基本元素,包括消息、动作序列和对象之间的链。在图形上,把一个消息画成一条有向直线,通常在表示消息的线段上带有操作名。

2) 状态机(Statemachine):它描述了一个对象或者一个交互在生命周期内响应事件所经历的状态序列。单个类或者一组类之间协作的行为可以用状态机来描述。一个状态机涉及一些其他元素,包括状态、转换、事件和响应的活动。在图形上,把一个状态画成一个圆角矩形,通常在圆角矩形中包括状态的名称及其子状态。

3) 活动(Activity):它描述了一个状态机中进行的非原子的执行单元。活动最终导致一些动作,这些动作是由可执行的原子计算所组成,这些计算会导致系统状态的改变或者返回一些数值。在图形上,把一个活动画成一个矩形,通常在矩形中包括活动的名称及其状态。

(1)　　　　　(2)　　　　　(3)

图 5-5　UML 行为事物

3.分组事物(Grouping Thing)

分组事物是 UML 模型的组织部分,它们是一些包含模型元素的“盒子”。UML 共有两种主要的分组事物,可视化标记如图 5-6 所示。

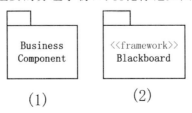

(1)　　　　　　(2)

图 5-6　UML 分组事物

1) 包(Package):其是把模型元素分组的机制,具有多种用途,结构事物、行为事物甚至其他分组事物都可以放进包中。包不像物理组件,它纯粹是概念上的。在图形上,把一个包画成一个左上角带有小矩形的大矩形,在矩形中通常仅含有包的名称,有时可带有内容。

2) 框架(Framework):其是包的变体,形式与包类似。框架是为一个领域内的应用系统提供可扩展模板的体系结构模式,表现为一种微型体系结构,包括一系列共同协作以解决某个领域的共同问题的机制。在图形上,把一个框架建模为一个构造型的包,在包的矩形中通常只有名称,有时可带有内容。

4. 注释事物(Annotation Thing)

注释事物是 UML 模型的解释部分,它们是用来描述、说明和标注模型中任何元素的。UML 共用两种主要的注释事物,可视化标记如图 5-7 所示。

(1) 注解(Note):其是一个依附于一个元素或者一组元素之上,对它进行解释的简单符号。在图形上,把一个注解画成一个右上角是折角的矩形,其中带有文字或者图形解释。该元素代表可以包含在 UML 模型中的基本注释事物。

(2) 约束(Constraint):其是注解的变体,通常用来对模型元素的某一方面约束进行描述,可采用自然语言、半形式化语言或者 OCL 形式化语言。在图形上,把约束建模作为一个构造型的注解,并带有约束内容。

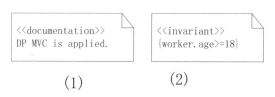

(1)　　　　　(2)

图 5-7　UML 注释事物

5.3.3　UML 关系

UML 基本关系构造块是依赖、关联、泛化和实现,用它们可以建立结构良好的应用模型,可视化标记如图 5-8 所示。

(1)　　　　(2)　　　　(3)　　　　(4)

图 5-8　UML 关系

1）依赖（Dependency）：其是两个事物之间的语义关系，其中一个事物（称为独立事物）发生变化会影响另一个事物（称为依赖事物）的语义。在图形上，把一个依赖画成一条可能有方向的虚线，有时在其上还有一个标记。

2）关联（Association）：其是一种结构关系，它描述了一组链，链的对象之间相互连接。聚合是一种特殊类型的关联，它描述了整体和部分之间的结构关系。在图形上，把一个关联画成一条实线，它可能有方向，有时在其上还有一个标记，而且通常还含有诸如多重性和角色名这样的修饰。

3）泛化（Generalization）：其是一种特殊或一般关系，特殊元素的对象（称为子类对象）可替代一般元素的对象（称为父类对象）。使用泛化关系，多个子类可以共享父类的结构和行为。在图形上，把一个泛化关系画成一条带有空心箭头的实现，并指向父元素。

4）实现（Realization）：其是两个类元之间的语义关系。其中一个类元指定了由另一个类元保证提供服务的契约。在两种情况下用到实现关系：一种是在接口和实现它们的类或者组件之间，另一种是在用况和实现它们的协作之间。在图形上，把一个实现关系画成一条带有空心箭头的虚线，它是泛化和依赖关系两种图形的结合。

5.3.4　UML 图

UML 图是一组元素的图形表示，大多数情况下把图画成顶点（代表事物）和弧（代表关系）的连通图。为了对系统进行可视化，可以从不同的角度画图，这样图就是对系统的投影。一般来说，图是系统组成元素的省略视图。有的元素可以出现在所有图中，有的元素可以出现在一些图中，而有些元素不能出现在特定图中。理论上图可以包含任何事物及其关系的组合，然而实际上仅存在少量的常见组合，UML 只包括 9 种图，它们和的五个 UML 视图共同组成了软件密集型系统的体系结构，如图 5-9 所示。

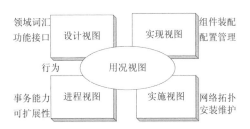

图 5-9　UML 多视图软件密集型系统的体系结构

1）类图（Class Diagram）：展现了一组类元、接口、协作以及它们之间的关系。在面向对象系统建模中最常见的图就是类图。类图给出了系统的静态设计视图,包含主动类的类图给出了系统的静态进程视图。

2) 对象图(Object Diagram):展现了一组对象以及它们之间的关系。对象图描述了类图中所建立的事物实例的静态快照。和类图一样,这些图给出了系统的静态设计视图或静态进程视图,但它们是从真实的或者原型系统的角度来建立的。

3) 用况图(Usecase Diagram):展现了一组用况、参与者以及它们之间的关系。用况图给出了系统的静态用况视图,这些图对于系统的行为和功能建模是非常重要的。

4) 顺序图(Sequence Diagram):展现了一种交互,它由一组对象以及它们之间的链组成,对象之间通过发送消息来交互。顺序图是一种强调消息时间顺序的交互图。

5) 通信图(Communication Diagram):展现了另一种交互,它也是由一组对象以及它们之间的链组成,对象之间通过发送消息来交互。通信图强调接受消息的对象之间的组织结构。它和顺序图是同构的,可以相互转化。

6) 状态图(Statechart Diagram):展现了一个状态机,它是由状态、转换、事件和活动所组成。状态图专注于系统的动态视图,它对接口、类或者协作的行为建模,而且它强调对象行为的事件顺序,适用于对反应式系统进行建模。

7) 活动图(Activity Diagram):展示了系统中从一个活动到另一个活动的流程,是一种特殊的状态图。活动图专注于系统的动态视图,适合于系统的过程建模,并强调对象之间的控制流程。

8) 组件图(Component Diagram):展现了多个组件以及它们之间的组织和依赖。组件图专注于系统的静态实现视图。它与类图相关,通常把组件映射成一个或者多个类、接口和协作。

9) 实施图(Deployment Diagram):展现了运行时节点以及它们所含制品的配置。实施图描述了体系结构的静态实施视图,通常一个节点包含一个或者多个组件。

5.4　UML业务建模

5.4.1　业务建模

业务模型是一个复杂系统,由业务过程、参与者和使用资源、控制业务运作的规则、业务目标和业务实现等组成。过程建模使用的核心概念是业务过程,它描述了业务活动及其如何与相关资源进行交互以实现业务目标的过程。尽管业务模型永远不可能完全精确或者完整定义,但业务建模仍是一种功能强大的建模方法。

1) 更好地理解现行业务的关键机制:通过对整个组织提供清晰完整的模型和视图,使得参与者更好地理解业务过程、相关活动和协作目标。

2) 建立业务支持信息系统的基石:业务描述可以提供业务支持信息系统的必要信息,模型同时也可以作为制定这些信息系统的关键功能需求。在比较理想的情况下,业务模型的许多内容可以直接映射成相应的业务对象。

3) 改进现行业务结构与运作基础:模型确定了现行业务中必须进行的改进,以实现改进后的业务模型,展示重组后的业务模型结构。

4) 创造新的业务理念:完成的业务模型可以成为业务过程工程开发的框架。模型可以使用来自对其他业务建模所带来的新想法或新技术带来的便利。

5.4.2　UML 业务建模特点

采用 UML 面向对象的概念和技术进行业务建模具有以下几个方面的优势。

1) 相似的业务概念:业务建模是通过集成不同类型的资源以实现业务目标的过程模型来描述的。规则定义了过程和资源相互关联、作用的条件和约束。所有这些都可以被映射为对象、对象之间的关系以及对象之间的交互,从而建立系统静态结构和动态行为的面向对象的模型。

2) 经过充分验证的技术:面向对象建模和程序设计目前已经得到了多年的应用,同时也被验证可以用来处理大型复杂系统。新技术、设计模式、分析模式已经被引入到面向对象建模之中,目前也已经有了多种业务模式可以支持业务建模。

3) 标准图形标记法:业务建模方法需要一种标准的标记法,而面向对象建模提供了一种标准标记法"UML 图形标记法"。信息系统和业务建模可以采用同样的工具进行构建,这为从业务需求开始直到代码实现的持续跟踪提供了可能。

4) 模拟和改进一个业务过程:描述一个业务过程的传统方法并不能展示业务如何运作,而面向对象技术通过系统动态模型可以表示业务过程中的组织机构和业务内部功能的相互作用。许多工具都提供了支持,因而面向对象建模语言 UML 将成为业务建模的主流语言之一。

5.5　Petri 网的定义和基本性质

　　Petri网最早由 Carl A. Petri博士于1962年在他的博士论文中提出,用来描述计算机系统事件之间的因果关系。早期 Petri 网主要应用于计算机与信息处理领域,后来具有工程背景的研究人员将 Petri 网用在工程系统尤其是自动制造系统的研究。40 多年来,Petri 网不断地充实和发展,日臻完善,在计算机、自动化、通信、交通、电力与电子、服务以及制造等领域得到广泛的应用。

　　Petri 网采用可视化图形描述但却被形式化的数学方法所支持,表达离散事件动态系统(Discrete Event Dynamic System,DEDS)的静态结构和动态变化;它是一种结构化的 DEDS 描述工具,可以描述系统异步、同步、并行逻辑关系;既能够分析系统运行性能(如制造系统设备使用率、生产率、可靠性等),又可应用于检查与防治诸如自动系统的锁死、堆栈溢出、资源冲突等不期望的系统行为性能;能够直接从可视化的 Petri 网模型产生 DEDS 监控控制编码,进行系统实时控制;可用于 DEDS 的仿真,从而对系统进行分析与评估;可以模块化与层次化描述复杂的 DEDS;可以通过结构变化描述系统的变化;支持 DEDS 形式化数学描述与分析,如不变量分析;Petri 网模型还可以转化为其他的 DEDS 模型,如马可夫链等。正是基于上述特点,Petri 网已经成为描述、分析和控制 DEDS 最有效和应用最广泛的方法。

5.5.1　Petri 网的定义

　　Petri 网是由库所(Place)、变迁(Transition)、有向弧(Arc)和托肯(Token)组成的一种有向网。库所用于描述可能的系统状态(条件或状态),变迁用于描述修改系统的事件。

　　定义 5.1　六元组 $N = (P, T, I, O, M, M_0)$ 若满足以下条件则称为有向网:

　　1) $P = \{p_1, \cdots, p_n\}$ 是库所的有限集合,$n > 0$ 为库所的个数;

　　2) $T = \{t_1, \cdots, t_m\}$ 是变迁的有限集合,$m > 0$ 为变迁的个数,$P \cap T = \varnothing; P \cup T \neq \varnothing$;

　　3) $I: (PT) \rightarrow N$ 是输入函数,它定义了从 P 到 T 的有向弧的重复数或权(Weight)的集合,这里 $N = \{0, 1, \cdots, n\}$ 为非负整数集;

　　4) $O: (TP) \rightarrow N$ 是输出函数,它定义了从 T 到 P 的有向弧的重复数或权的集合；

5) $M:P \to N$ 是各库所中的标识分布；

6) $M_0:P \to N$ 是各库所中的初始标识分布。

利用 Petri 网描述系统时,位置 P 表示系统中的事件,用"O"表示;变迁 T 表示事件间的一种关系,用"｜"表示;位置中的托肯表示系统中事件的状态,用"•"表示,有托肯时,表逻辑"1",事件发生;无托肯时,表逻辑"0",事件不发生,故 Petri 网可用于表示事件之间的逻辑关系。在 Petri 网中,位置是静态的,变迁是动态的,此外,$I(t)$ 表示变迁 t 的输入库所集合,$O(t)$ 表示变迁 t 的输出库所集合。变迁发射的使能条件:① 变迁 t 的每个输入库所 $p \in I(t)$ 包含的标识数 (p) 不少于对应有向弧 (p,t) 的权 $I(p,t)$,即 $M(p) \geqslant I(p,t)$。变迁 t 的每个输出库所 $p \in O(t)$ 的容量(代表缓冲区大小)足够加入新的标识,即 $K(p) \geqslant M(p) + O(t,p)$。② 变迁发射操作:使能的变迁可启动发射,发射开始时 $p \in I(t)$,$M(p) = M(p) - I(p,t)$,发射结束后 $p \in O(t)$,$M(p) = M(p) + O(t,p)$。

5.5.2　Petri 网的基本性质

1. 活性与死锁

不论标识如何演化,一个变迁总有被激发的可能,则称该变迁是活的;不论标识如何演化,网内都不存在不可激发的变迁,则称该 Petri 网是活的。一个死锁是一个标识,从该标识不再有任何变迁使能。活性和死锁是一种非结构的性质,它们的性质依赖于网的初始标识。死锁问题是离散事件动态系统监控理论的一个重要问题。一个死锁系统也就失去了研究的意义。

出现锁死的原因是不合理的资源分配策略,以及某些或全部资源的耗尽。例如,柔性制造系统的某一机器入或出缓冲区占用着一个托盘,其上存放着一加工完毕的零件,而另一存放待加工工件的托盘也被自动导向车(AGV)传送至该入或出缓冲区。假设入或出缓冲区只能存放一个托盘,而 AGV 也只能放置一个托盘。此时,存放着已加工的零件托盘不能从入或出缓冲区移至 AGV 上,也不能将 AGV 上存放着的待加工的工件的托盘送至入或出件堆放区,因而出现锁死。在此例中,缓冲区与 AGV 为两个资源,将托盘从缓冲区移至 AGV 上与将托盘从 AGV 上送至缓冲区为两个过程,上述 4 个条件同时成立。

2. 冲突

冲突反映了系统资源的竞争状况,一个结构冲突指一个至少具有两个变迁的变迁集合,集合中的变迁具有公共的输入库所 p。一个有效冲突指存在一个结构冲突和一个标识,在该标识下,处于结构冲突中的变迁的共同输入库所 p 的标识数少于被该标识使能的 p 的输出变迁的加权数。

3.有界性与安全性

定义 5.2　给定 $PN = (P, T, I, O, M, M_0)$ 以及其可达集 $R(M_0)$,对于库所 $p \in P$,若 $\forall M \in \mathbf{R}(M_0): M(p) \leqslant k$,则称 p 是 k 有界的,此处 k 为正整数;若 PN 的所有库所都是 k 有界的,则 PN 是 k 有界的。

特别地,$k = 1$ 时,即当某库所或 PN 是 1 有界的,我们称该库所或 PN 是安全的。若对于任意初始标识 M_0,PN 都是 k 有界的,则 PN 是结构有界的(Structurally Bounded)。

通常,库所用于表示制造系统中的工件、工具、托盘以及 AGV 的存放区(工件的存放区就是缓冲区)还用于表示资源的可利用情况。确认这些存放区是否溢出或资源的容量是否溢出是非常重要的。PN 的有界性是检查被 PN 所描述的系统是否存在溢出的有效尺度。当库所用于描述一操作,该库所的安全性能够确保不会重复启动某一正在进行的操作。

5.6　IDEF、UML 和 Petri 网建模方法的分析与比较

1)IDEF0 功能建模是从系统的角度进行分析,客观上揭示了系统内部的活动、联系和对象及其之间的关系,并且清楚地表示了模块之间的信息输入、输出关系。可以直接指导系统的模块设计。UML 的功能建模是从用户的角度出发,依据客户的需求和使用,侧重于软件所能够完成的功能。它的模型并不一定和软件系统的内部模块对应,但是可以通过构件图来完成这一功能。

2)UML 可以对任何大型的系统包括软件、机械系统、企业过程、复杂的信息系统、实时系统、分布系统、商业系统等进行建模。而 IDEF(主要适用于集成 CIMS 系统和信息系统的分析和建模。在 CIMS 系统的建模分析和设计中,IDEF4 直接把客户和生命周期的概念引入分析过程,IDEF5 则采用本体论来解决并行工程的问题,因此在分析 CIMS 系统问题时 IDEF 更具有实用价值。

3)IDEF3 的过程建模是用于全局和宏观的范围,并且在建模中不适合对循环的细节进行建模。即一只"BOX"只能有一个输入和一个输出。而

UML 的时间顺序图可以清楚地对软件循环的条件、顺序和执行过程建模。帮助分析软件开发过程的循环执行编码,以减少后期改动的麻烦。

4)UML 提供了面向对象的技术,这种技术的实现取决于开发软件采用的具体方法和技术,如设计者类。采用 VC＋＋6.0 提供了设计者身份的验证,以及可进行操作的定义在设计者对象的方法中;采用 UML 促进了软件开发人员利用面向对象的先进技术进行软件的开发,并为开发者提供了面向对象的思路和指导实践。

5)IDEF0 和 ROSE 都可以直接生成 IDL 文件。IDL 是 Interchange Definition Language 的简写。用于定义不同物理和软件系统的接口,利用 IDL 和 CORBA 可以实现和其他系统的交互和集成。

6)IDEF 和 UML 方法都提供了丰富的生成文档。用于描述系统中的各种对象、与对象有关的操作、对象的状态、结果和对象之间的关系。使得平时在最后才急忙书写的开发过程文档在开发初期已略具雏形。

7)UML 提供了可视化建模技术和面向对象技术的结合,IDEF 方法是面向结构的分析方法,它们都具有使软件开发过程迭代次数减少,易于修改和维护等优点。

8)UML 方法的类和模型图是一个整体,可以采用任何一种模型图或者其组合实现可视化和面向对象技术的建模。而 IDEF 方法有几个层次,直到 IDEF4 才具有了面向对象的内涵。使用 IDEF 方法设计系统要根据自己的需要选择不同层次的 IDEF 分析方法。

9)IDEF 利用图形符号和自然语言,简单准确,容易理解和掌握(同时采用层次化的建模方法,过程的自身规律得到分解,能够清楚地描述过程及过程之间的关系,但是缺乏动态分析能力。Petri 网具有形式化的严密性,但缺乏建立用户需求的指导;Petri 网有着强大的分析能力,但是 Petri 网建模需要一定的专业知识和数学基础,因此掌握它具有一定的难度。UML 在描述系统的静态结构方面是非常优秀的,但在描述动态行为方面稍有逊色;Petri 网具有较强的动态行为描述能力,但在描述系统静态结构方面相对较弱。

10)UML 描述的系统模型目前缺乏严密有效的验证和分析方法,Petri 网在系统的动态行为分析方面表现出强大的优势;UML 模型与程序实现紧密相连,Petri 网则易于进行系统动态行为模拟。

根据 IDEF、UML 和 Petri 网各自的优缺点,我们可以考虑将三者集成使用,相互取长补短。我们将 IDEF 的特点与 UML 和 Petri 网的优点相结合,形成良好的静态模型和全力描述的动态模型,然后将系统有关的动态模型映射到对象 Petri 网中进行各种分析和模拟,如果有不合适的行为关系可反过来修正系统模型,经过不断地反复最后得到严谨、缜密的系统模型。

第 6 章　　基于 IDEF、UML 和 Petri 网的计划调度系统模型

IDEF 和 UML 作为面向结构和对象的建模方法,Petri 网作为形式化的建模语言,都已经得到了广泛的应用,但它们也都有其不足之处。IDEF 方法源于制造业的信息系统建模,需要在面向对象设计、知识表示和软件开发方面进一步完善。而 UML 方法源于面向对象的软件发展领域,需要在业务建模方面进一步扩展。Petri 网具有形式化的严密性和强大的分析能力,但缺乏建立用户需求的指导并需要一定的专业知识和数学基础,因此在掌握方面具有一定的难度。在大型集成信息管理系统开发过程中,单纯采用上述方法不能简洁、清晰地建立灵活、可扩展、可重用的管理信息系统。

本章通过分析、比较 IDEF、UML 和 Petri 网的建模方法与特点,提出采用三者结合的方法进行系统建模。在此基础上,以某企业机加车间的生产计划与调度系统为案例模型,阐述了具体的系统建模实现方法。

6.1　IDEF、UML 和 Petri 网相结合的建模方法

针对 IDEF 和 UML 各自的优缺点及 Petri 网的建模特点,可以采用三者相结合的方法对企业信息系统建模。UML 提供了可视化建模技术和面向对象技术的结合,使用范围广泛。但是用 UML 进行企业建模时,必须在特定的环境中进行,而且用 UML 建模语言建立的系统模型复杂,需要具有较高水平的领域专家才能理解。而 IDEF0 方法从系统的角度进行,客观地揭示了系统内部的活动、联系和对象及其之间的关系,并且清楚地表示了模块之间的信息输入、输出关系,建立的模型易于理解,易于与用户交互,因此,在系统设计的初期阶段,应该用 IDEF0 方法进行需求分析,与用户进行交互,而不是采用 UML 的用例图。

首先用 IDEF0 和 IDEF1x 方法建立系统功能模型和信息模型,其次用 UML 模型的活动框图对 IDEF0 模型中的叶子功能(即不再向下分解的功能)进行业务流描述,通过时序图、协作图的建立确定系统软件的对象类,

进而设计类图、组件图(同时参照 IDEF1x 信息模型图)。在设计类图时,类的设计可以参照 IDEF1x 模型的实体设计,同时可将建立活动图、时序图和协作图时发现的实体类补充到 IDEF1x 模型图中。

图 6-1 反映了建模方法的逻辑关系。用 IDEF0 模型进行系统需求分析,用 IDEF1x 模型指导关系型数据库系统的建立,用 Petri 网建立零件的多工艺加工路径模型,用其指导系统优化模型和 UML 时序图的建立。用 UML 模型的活动图、时序图、协作图、类图、组件图进行面向对象的软件系统设计。通过 Petri 网模型向 UML 模型的转化能够改变传统方法中的不足,使 UML 模型能够充分地描述系统的并发、同步和冲突。Petri 网模型与 UML 时序图的转化关系如图 6-1 所示。

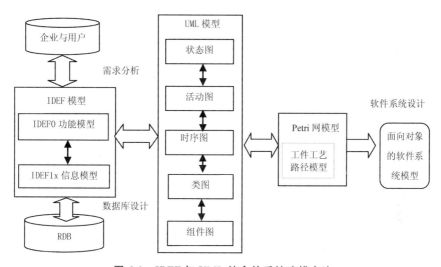

图 6-1　IDEF 与 UML 结合的系统建模方法

1) 并发 Petri 网向时序图的转化,如图 6-2 所示。用两端带有实心圆的实线条连接并发组,并发组中所有的消息被认为是并发发生的,当发生条件满足后它们将同时发生,互不影响。

2) 冲突 Petri 网向时序图的转化,如图 6-3 所示。用两端带有空心圆的实心线条连接冲突组,冲突组中所有的消息被认为是相互冲突的,每次仅有一个消息可以发生。

3) 同步 Petri 网向时序图的转化,如图 6-4 所示。用两段带有空心菱形的实心线条连接同步组,同步组中所有的消息必须全部执行后才能触发下一事件。

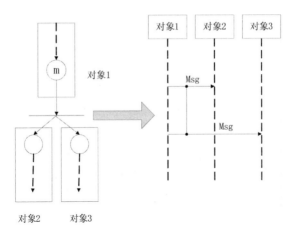

图 6-2　并发 Petri 网向时序图的转化

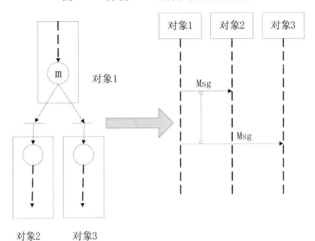

图 6-3　冲突 Petri 网向时序图的转化

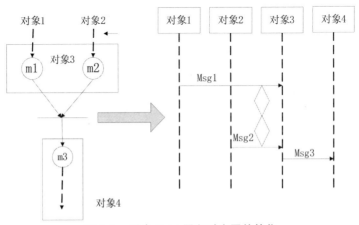

图 6-4　同步 Petri 网向时序图的转化

以下以某企业机加车间的生产计划与调度系统建模为例,说明 IDEF、UML 与 Petri 网结合的系统建模方法的优越性。

6.2　车间计划调度系统模型

6.2.1　系统 IDEF 模型

该机加车间的生产类型复杂,主要为大件、多品种、小批量的生产方式,车间主要为电解天车、焙烧天车、堆垛天车、振动成形机、破碎机、烧结机、混料机等机器的零部件的生产和最后装配组装,零件加工具有工序长,生产周期长,计划性变化大等特点。所以车间计划与调度系统的建模研究,为计算机辅助车间生产过程管理的系统集成奠定了良好的基础。

车间管理系统主要是对车间在生产过程中的一些基本数据信息和过程信息进行管理,由制造资源管理、工艺文件管理、生产计划与调度、生产过程管理、质量监控与管理和生产统计管理六个功能模块组成。各模块还可分为若干个子模块,图 6-5 为车间管理的 IDEF0 功能模型图,由此图,可以从全局的角度看出车间管理系统内部的六大模块以及各模块之间的输入、输出关系。

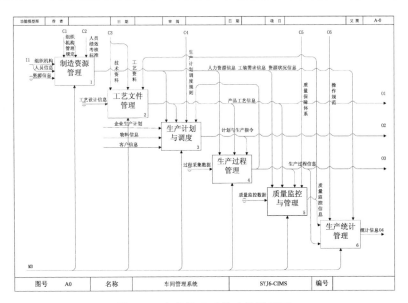

图 6-5　车间管理系统功能模型图

在开发的集成制造执行系统中,车间计划与调度子系统是整个系统的关键部分,和其他子系统有着十分复杂的信息交换,如从组织与人力资源管理子系统获取工人工种、技术等级、出勤情况等信息;从制造资源管理子系统中获取毛坯、物料、设备、工具等准备信息;从工艺文件管理子系统中获取零件基本信息等;从生产过程管理和质量监控与管理子系统中获取零件加工信息等。生产计划与调度子系统通过获取共享数据库中的基础数据、零件加工等信息,保证了计划与调度决策的即时性、正确性。图 6-6 和图 6-7 为子系统功能模型图。

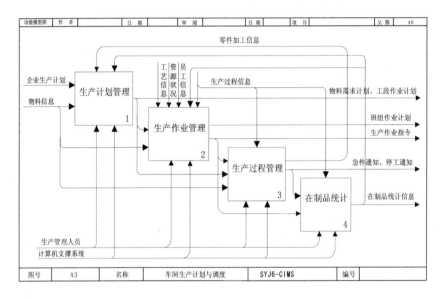

图 6-6　生产计划与调度子系统功能模型图

6.2.2　IDEF1x 系统信息模型

IDEF1x 用于描述系统信息及其联系,建立的模型可作为数据库设计的依据。模型图 6-8 显示了生产计划与调度系统中各信息实体之间以及与其他子系统的信息实体之间的联系,反映了生产计划与调度管理的基本内容。信息模型中各实体均以零件基本信息实体的产品型号和零件号为外键,既保证了各实体之间的紧密联系,也降低了数据库的冗余度,节省了数据存储空间,便于信息查询与检索。

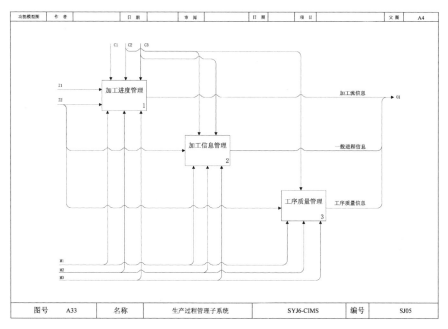

图 6-7 生产过程管理子系统功能模型图

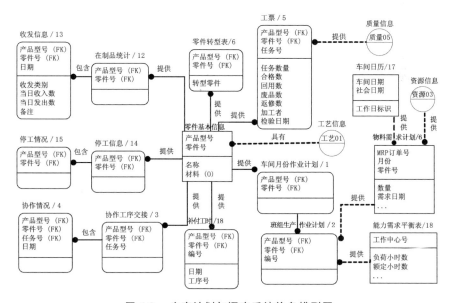

图 6-8 生产计划与调度系统信息模型图

6.2.3　系统 UML 模型

采用 IDEF0 方法建立的系统功能模型,是从系统的角度进行的,从描述系统的概念需求开始,逐步详细地描述了系统的功能,客观上揭示了系统内部的各种活动及其之间的相互关系和流程,为系统的组件划分和进一步利用 UML 建模打下了基础。

参照工件的 Petri 网模型,建立 UML 的时序图,用活动图和时序图对 IDEF0 模型中的每一叶子功能活动进行动态描述,再由 IDEF1x 信息模型、活动图、时序图、协作图来发现对象,分析、提取系统中的类及其操作,最后将系统业务过程中的功能相近的若干对象类封装为组件,实现系统的组件图。

1. 跟踪调度任务活动图

在跟踪调度任务活动图 6-9 中,用户开始这个过程首先要进行登录,登录失败后可选择重新登录或退出系统。登录成功后则可对零件的调度任务信息进行查询、添加、修改和删除等操作,之后退出系统完成整个活动。

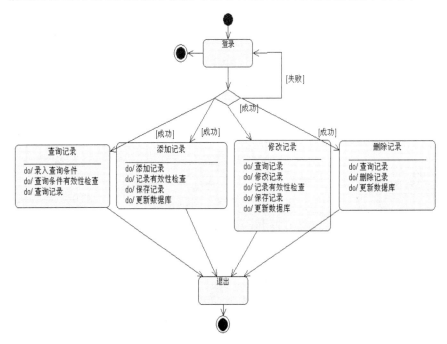

图 6-9　跟踪调度任务活动图

2.时序图

对活动图中的主要事件流分析得到事件流的时序图。主要调度计算过程中各个类之间的顺序如图 6-10 所示(只是对部分主要计算过程的描绘);图 6-11 中添加记录事件的时序图按时间显示了信息流,显示了对象之间在时间和顺序上的一种动态协作关系。

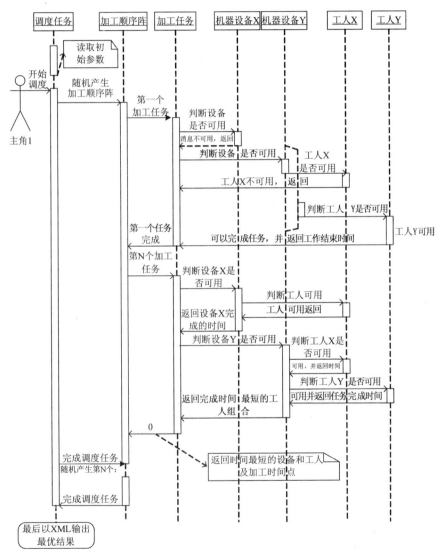

图 6-10　事件流时序图

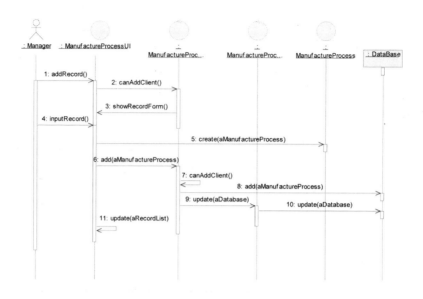

图 6-11　跟踪加工进程添加记录事件的时序图

3. 协作图

协作图 6-12 则显示了对象间的关系和对象间的消息传递。

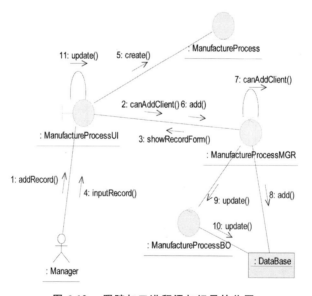

图 6-12　跟踪加工进程添加记录协作图

6.2.4　系统 Petri 网模型

考虑如上的一个 FMS 系统,系统中有 3 种类型 6 台机器,1、2 号机器为类型 Ⅰ;3 号机器为类型 Ⅱ;4、5、6 号机器为类型 Ⅲ。共有 10 个工件需要加工,每个工件有 1～4 个工序。任务参数表和工人与机床设备工作表,如表 6-1 和表 6-2 所示。

表 6-1　任务参数表

工件	工序	加工时间	机器类型	工件	工序	加工时间	机器类型
1	1	12	Ⅱ	5	2	10	Ⅲ
	2	9	Ⅰ		3	10	Ⅰ
	3	5	Ⅲ		4	8	Ⅲ
2	1	6	Ⅱ	6	1	6	Ⅱ
	2	6	Ⅲ	7	1	6	Ⅲ
	3	8	Ⅰ		2	8	Ⅲ
3	1	5	Ⅰ	8	1	12	Ⅰ
	2	9	Ⅱ		2	8	Ⅱ
4	1	4	Ⅰ		3	8	Ⅲ
	2	6	Ⅲ	9	1	5	Ⅰ
	3	10	Ⅰ		2	8	Ⅲ
5	1	5	Ⅰ	10	1	7	Ⅲ

表 6-2　工人与机床设备工作表

工人	机床 1	机床 2	机床 3	机床 4	机床 5	机床 6
1	操作	操作	—	—	—	—
2	—	操作	操作	—	—	—
3	—	—	—	操作	操作	—
4	—	—	—	—	操作	操作

该制造系统包含 6 台机床、4 个工人和 2 个容量为 1 的缓冲区。机床 1 和 3 有三种状态:空、忙和故障;其他机床有两种状态:空、忙。工人有两种状态:忙和空闲。缓冲区可以是满的或者是空的。在初始的时候,缓冲区和机床都假定是空的,工人处于空闲状态。工件的传输假设是机床工作周期的一个

部分；机床从上游得到工件，工件也被另一机床传到下游。机床在工作周期内有生产和维修的规定，如下所述。

1）缓冲区 1 不能上溢也不能下溢，即当缓冲区内有工件时，机床不能启动操作。

2）机床 3 有比机床 1 修复和回到正常工作（忙状态）的优先级，即在两台机床同时坏掉的时候，机床 3 应优先被修复。

零件 1 的 Petri 网模型如图 6-13 所示，图中各符号的意义：p_i 表示第 i 个工件的初始状态；p_i^m 表示第 i 台机床；p_h^w 表示第 h 个工人处于空闲状态；

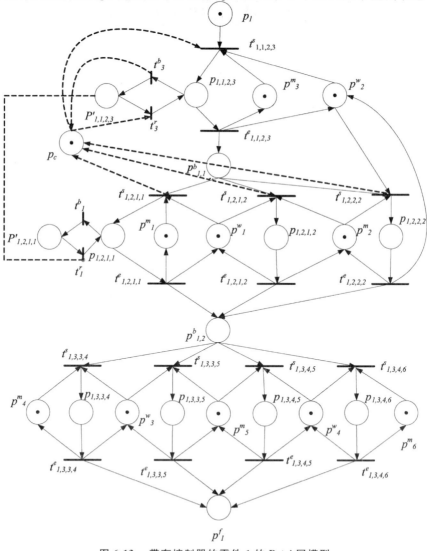

图 6-13 带有控制器的零件 1 的 Petri 网模型

$p_{i,j,h,k}$ 表示第 i 个工件的第 j 道工序由第 h 个工人在第 k 台机床上进行；$p'_{i,j,h,k}$ 表示工件 i 的第 j 道工序由工人 h 在机床 k 上加工时，机床坏掉；$p^b_{i,j}$ 表示工件 i 的第 j 个操作结束后的缓冲区；p^f_1 表示第 1 个工件加工完成。t^b_k 表示机床 k 发生故障；t^r_k 表示修理机床 k；$t^s_{i,j,h,k}$ 表示 $p_{i,j,h,k}$ 操作开始；$t^e_{i,j,h,k}$ 表示操作 $p_{i,j,h,k}$ 结束；p_c 表示控制器。

图中机床 2 和工人 3 的操作是并发的，当机床 3 空闲和工人 2 空闲同时满足时，$p_{1,1,2,3}$ 操作才能执行；机床 1 和机床 2 在 $p_{1,2,1,2}$ 操作过程中又是互为冲突的，每次仅为其中一台机床可以操作。在向 UML 时序图转换时可以按照图 6-2 和图 6-3 所示进行操作。

图 6-13 所示的 Petri 网是活性的、安全的，我们由此看到，此模型的建立不仅可以起到合理分配资源的作用，而且对系统的 UML 时序图（见图 6-10）起到修正和转化作用。

6.3　系统组件框架设计

系统组件框架设计采用 COM＋标准。COM＋提供了组件接口标准和互操作（集成）机制。设计过程中，类型、类、接口、属性类型、对象和子系统组件都打包并建立文档，以支持基于组件的开发。通过 UML 方法对 IDEF 模型的细化将模型分解为适当大小和结构的组件。

系统通过面向结构的 IDEF 方法、面向对象的 UML 方法和面向过程的 Petri 网对企业业务流程进行了分析，通过对业务流程的结构分解和面向对象的分析，构造系统的基本构成要素 —— 对象类，再根据系统的体系结构和对象类完成的功能将一个或多个对象类封装成不同层的组件，并把通用的功能抽取为独立的组件，在整个系统中使用它们，如数据访问组件。

系统将功能上聚集在一起的类组合成一个组件，这样划分有利于封装对象的重用。各组件都提供相应接口供系统界面及其他组件调用。系统数据库访问由通用数据库访问组件实现，由数据库访问组件完成数据库的插入、删除、添加、修改、查询等操作。另外，系统采用基于 COM＋的 ASP 组件技术，将部分 ASP 脚本块封装为 ASP 组件，既有利于大量脚本的可重用又增加了系统的安全性。

时序图可以根据 IDEF0 图、IDEF1x 图和活动图图形的信息设计，通过时序图和协作图，可以确定图形需要开发的类、类之间的关系和每个类的操作或责任。

考虑到生产调度算法的复杂性和算法种类的多样性，以及生产调度过程中的多变性、系统将来的可扩展性,将实际调度过程中各个独立个体对象抽象成一个个相对独立并且具有一定功能的类对象,并按实际需要,在调度计算过程中将各个类对象的实例关联起来,完成一个实际的计算工作。采用面向对象方法的最大优点就是在于系统具有很好的可扩展性和系统简单调整后就能立刻适应灵活多变的业务需求。

　　系统将生产车间调度过程中所涉及的对象如:机器设备、工人、工件、工序、调度任务等用相对应的类来代替,所有的对象都继承于同一个对象"Object"。图 6-14 为表示各个主要类之间关系的 UML 图。

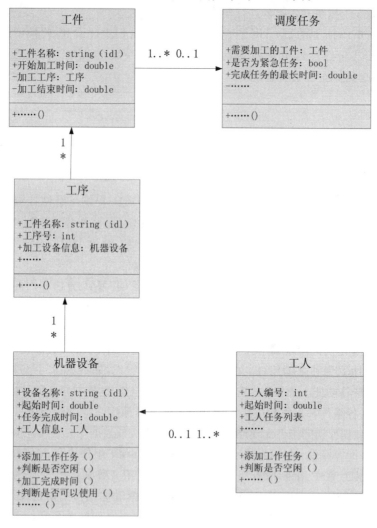

图 6-14　类关系图

第 7 章   混合优化策略算法研究

7.1   遗 传 算 法

遗传算法(GA)是 J. Holland 于 1975 年受生物进化论的启发而提出的。GA 的提出一定程度上解决了传统的基于符号处理机制的人工智能方法在知识表示、信息处理和解决组合爆炸等方面所遇到的困难,其自组织、自适应、自学习和群体进化能力使其适应于大规模复杂优化问题。GA 是基于"适者生存"的一种高度并行、随机和自适应优化算法,它将问题的求解表示成"染色体"的适者生存过程,通过"染色体"群(Population)的一代代不断进化,包括复制(Reproduction)、交叉(Crossover)和变异(Mutation)等操作,最终收敛到"最适应环境"的个体,从而求得问题的最优解或满意解。

与传统的启发式优化搜索算法(爬山方法、模拟退火方法、Monte Carlo方法等)相比,遗传算法(以及广义上的进化算法)的主要本质特征在于群体搜索策略和简单的遗传算子。群体搜索使遗传算法得以突破邻域搜索的限制,可以实现整个解空间上的分布式信息采集和探索;遗传算子仅仅利用适应值度量作为运算指标进行随机操作,降低了一般启发式算法在搜索过程中对人机交互的依赖。

按照生物学中可进化性的概念,遗传算法所追求的也是当前群体产生比现有个体更好个体的能力,即遗传算法的可进化性或称群体可进化性。因此,遗传算法的理论和方法研究也就围绕着这一目标展开。关于下面五个问题的回答,就成为 GA 理论研究的主要方向:

1)遗传算法如何更好地模拟复杂系统的适应性过程和进化行为?

2)遗传算法在优化问题求解中怎样才能具备全局收敛性?

3)遗传算法的搜索效率如何评价?

4)遗传策略的设计与参数控制的理论基础是什么?

5)遗传算法与其他算法如何结合?

其中,遗传策略包括GA流程设计、群体设定、群体初始化、GA算子、终止条件等,广义上的遗传策略还包括遗传算法与其他算法结合形成的混合算法。

7.1.1　遗传算法的基本概念

由于遗传算法是由进化论和遗传学机理影响而产生的直接搜索优化方法;故而在这个算法中要用到各种进化和遗传学的概念。这些概念如下:

1) 串(String)

它是个体(Individual) 的形式,在算法中为字符串,并且对应于遗传学中的染色体(Chromosome)。

2) 群体(Population)

个体的集合称为群体,串是群体中的元素。

3) 群体大小(Population Size)

在群体中个体的数量称为群体的大小。

4) 基因(Gene)

基因是串中的元素,基因用于表示个体的特征。例如有一个串 $S = 1011$,则其中的 $1,0,1,1$ 这 4 个元素分别称为基因。

5) 适应值(Fitness):某一个体对于环境的适应程度,或者在环境压力下的生存能力,取决于遗传特性。

6) 复制、选择(Reproduction or Selection):在有限资源空间中的排他性竞争。

7) 交叉、重组(Crossover or Recombination):一组位串或者染色体上对应基因段的交换。

8) 变异(Mutation):位串或染色体水平上的基因变化,可以遗传给子代个体。

9) 逆转或倒位(Inversion):反转位串上的一段基因的排列顺序。对应于染色体上的一部分,在脱离之后反转 180 度再连接起来。

7.1.2　遗传算法的基本流程

定义7.1 给定非空集合 S 作为搜索空间,$f:S \rightarrow R$ 为目标函数,整体优化问题作为任务:

$$\max_{x \in S} f(x) \tag{7.1}$$

给出,亦即在搜索空间 S 中找到至少一个使目标函数最大化的点。

函数值 $f^* = f(x^*) < +\infty$ 称为一个整体极大值,当且仅当

$$\forall\, x \in S \Rightarrow f(x) \leqslant f(x^*) \qquad\qquad (7.2)$$

成立时，$x^* \in S$ 被称为一个整体极大值点(整体极大解)。将所有整体极大值点的集合记为 $\mathrm{arg}f^*$。显然，$\mathrm{arg}f^*$ 非空是优化问题式(7.1)适定的最基本要求。有时也把 S 中的点称为可能解或候选解。利用简单的关系：$\max\{-f(x)\,|\,x \in S\} = \min\{f(x)\,|\,x \in S\}$，就可以将一个整体极小化问题转化为定义式(7.1)中的整体极大化形式；同时，上面的定义也可以很容易转化为针对极小化问题的表述。

遗传算法在整个进化过程中的遗传操作是随机性的，但它所呈现出的特性并不是完全随机搜索，它能有效地利用历史信息来推测下一代期望性能有所提高的寻优点集。这样一代代不断进化，最后收敛到一个最适应环境的个体上，求得问题的最优解。遗传算法所涉及的五大要素：参数编码、初始群体的设定、适应度函数的设计、遗传操作的设计和控制参数的设定。标准遗传算法的主要步骤可描述如下：

1) 随机产生一组初始个体构成初始种群，并评价每一个体的适配值(fitness value)。

2) 判断算法收敛准则是否满足，若满足则输出搜索结果；否则执行以下步骤。

3) 根据适配值大小以一定的方式执行复制操作。

4) 按交叉概率 p_c 执行交叉操作。

5) 按变异概率 p_m 执行变异操作。

6) 返回步骤 2)。

上述算法中，适配值是对染色体(个体)进行评价的一种指标，是 GA 进行优化所用的主要信息，它与个体的目标值存在一种对应关系；复制操作通常采用比例复制，即复制概率正比于个体的适配值，如此意味着适配值高的个体在下一代中复制自身的概率大，从而提高了种群的平均适配值；交叉操作通过交换两父代个体的部分信息构成后代个体，使得后代继承父代的有效模式，从而有助于产生优良个体；变异操作通过随机改变个体中某些基因而产生新个体，有助于增加种群的多样性，避免早熟收敛。遗传算法的基本流程图，如图 7-1 所示。

遗传算法利用生物进化和遗传的思想实现优化过程，区别于传统优化算法，它具有以下特点：

1) GA 对问题参数编码成"染色体"后进行进化操作，而不是针对参数本身，这使 GA 不受函数约束条件的限制，如连续性、可导性等。

2) GA 的搜索过程是从问题解的一个集合开始的，而不是从单个个体开始的，具有隐含并行搜索特性，从而大大减小了陷入局部极小的可能。

3）GA使用的遗传操作均是随机操作，同时GA根据个体的适配值信息进行搜索，无需其他信息，如导数信息等。

4）GA具有全局搜索能力，最善于搜索复杂问题和非线性问题。

遗传算法的优越性主要表现如下：

1）算法进行全空间并行搜索，并行搜索重点集中于性能高的部分，从而能够提高效率且不易陷入局部极小。

2）算法具有固有的并行性，通过对种群的遗传处理可处理大量的模式，并且容易实现并行。

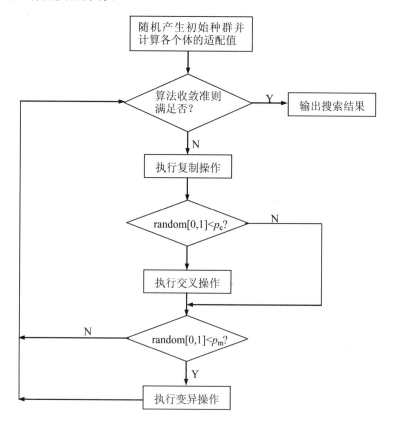

图 7-1　遗传算法的基本流程

7.1.3　遗传算法关键参数和操作的设计

通常遗传算法的设计是按以下步骤进行的：

1）确定问题的编码方案。

2）确定适配值函数。

3）遗传算子的设计。

4）算法参数的选取。主要包括种群数目、交叉与变异概率、进化代数等。

5）确定算法的终止条件。

下面对关键参数与操作的设计做简单介绍。

（1）编码

编码就是将问题的解用一种码来表示，从而将问题的状态空间与 GA 的码空间相对应，这很大程度上依赖于问题的性质，并将影响遗传操作的设计。由于 GA 的优化过程不是直接作用在问题参数本身，而是在一定编码机制对应的码空间上进行的，因此编码的选择是影响算法性能与效率的重要因素。

在函数优化中，不同的码长和码制对问题求解的进度与效率有很大影响。二进制的编码将问题的解用一个二进制串来表示，十进制编码将问题的解用一个十进制串来表示，显然码长将影响算法的精度，而且算法将付出较大的存储量。实数编码将问题的解用一个实数来表示，解决了编码对算法精度和存储量的影响，也便于优化中引入问题的相关信息，它在高维复杂优化问题中得到广泛应用。

（2）适配值函数

适配值函数用于对个体进行评价，也是优化过程发展的依据。在简单问题的优化时，通常可以直接利用目标函数变换成适配值函数，譬如将个体 X 的适配值 $f(X)$ 定义为 $M-c(X)$ 或 $e^{-ac(X)}$，其中 M 为一足够大正数，$c(X)$ 为个体的目标值，$a>0$；在复杂问题的优化时，往往需要构造合适的评价函数，使其适应 GA 进行优化。

（3）算法参数

种群数目是影响算法优化性能和效率的因素之一。通常，种群太小则不能提供足够的采样点，以至算法性能很差，甚至得不到问题的可行解；种群太大时尽管可增加优化信息以阻止早熟收敛的发生，但无疑会增加计算量，从而使收敛时间太长。当然，在优化过程中种群数目是允许变化的。

交叉概率用于控制交叉操作的频率。概率太大时，种群中串的更新很快，进而会使高适配值的个体很快被破坏掉；概率太小时，交叉操作很少进行，从而会使搜索停滞不前。

当交叉操作产生的后代适配值不再进化且没有达到最优时，就意味着算法的早熟收敛。这种现象的根源在于有效基因的缺损，变异操作一定程度上克服了这种情况，有利于增加种群的多样性。变异概率是加大种群多样性的重要因素。基于二进制编码的 GA 中，通常一个较低的变异率足以防止整个群体中任意位置的基因一直保持不变。但是，概率太小则不会产生新个体，概率太大则使 GA 成为随机搜索。

（4）遗传算子

优胜劣汰是设计 GA 的基本思想，它应在选择、交叉、变异等遗传算子中得以体现，并考虑到对算法效率与性能的影响。

复制操作是为了避免有效基因的损失，使高性能的个体得以更大的概率生存，从而提高全局收敛性和计算效率。最常用的方法是比例复制和基于排名的复制，前者以正比于个体适配值的概率来选择相应的个体，后者则基于个体在种群中的排名来选择相应的个体。至于种群的替换，采纳的方案可以是部分个体的替换，也可以是整个群体的替换。

（5）算法的终止条件

GA 的收敛理论说明了 GA 以概率 1 收敛的极限性质，因此我们要追寻的是提高算法的收敛速度，这与算法操作设计和参数选取有关。然而，实际应用 GA 时是不允许让它无休止发展下去的，而且通常问题的最优解也未必可知，因此需要有一定的条件来终止算法的进程。最常用的终止条件就是事先给定一个最大进化步数，或者是判断最佳优化值是否连续若干步没有明显变化等。

7.2　禁忌搜索算法

7.2.1　禁忌搜索算法描述

禁忌搜索（Tabu Search 或 Taboo Search，TS）是对局部邻域搜索的一种扩展，是一种全局逐步寻优算法，是对人类智力过程的一种模拟。局部邻域搜索是基于贪婪思想持续地在当前解的邻域中进行搜索，虽然算法通用易实现且容易理解，但其搜索性能完全依赖于邻域结构和初始解，尤其易陷入局部极小而无法保证全局优化性。针对局部邻域搜索，为了实现全局优化，可尝试的途径有：扩大邻域搜索结构、多点并行搜索，如进化计算、变结构邻域搜索（Mladenovicetal，1997）等；另外，就是采用 TS 的禁忌策略尽量避免迂回搜索，它是一种确定性的局部极小突跳策略。

简单的禁忌搜索是在邻域搜索的基础上，通过设置禁忌表来禁忌一些已经历的操作，并利用特赦准则来奖励一些优良状态，其基本思想是给定一个当前解（初始解）和一种邻域，然后在当前解的邻域中确定若干候选解；

若最佳候选解对应的目标值优于"x^{best}"状态,则忽视其禁忌特性,用其替代当前解和"x^{best}"状态,并将相应的对象加入禁忌表,同时修改禁忌表中各对象的任期;若不存在上述候选解,则在候选解中选择非禁忌的最佳状态为新的当前解,而无视它与当前解的优劣,同时将相应的对象加入禁忌表,并修改禁忌表中各对象的任期;如此重复上述迭代搜索过程,直至满足停止准则。

简单禁忌搜索的算法步骤可描述如下:

1)给定算法参数,随机产生初始解 x 置禁忌表为空。

2)判断算法终止条件是否满足?若是,则结束算法并输出优化解;否则,继续以下步骤。

3)利用当前解的邻域函数产生其所有(或若干)邻域解,并从中确定若干候选解。

4)对候选解判断特赦准则是否满足?若成立,则用满足特赦准则的最佳状态 y 替代 x 成为新的当前解,即 $x = y$,并用与 y 对应的禁忌对象替换最早进入禁忌表的禁忌对象,同时用 y 替换"x^{best}"状态,然后跳转至步骤 6);否则,继续以下步骤。

5)判断候选解对应的各对象的禁忌属性,选择候选解集中非禁忌对象对应的最佳状态为新的当前解,同时用与之对应的禁忌对象替换最早进入禁忌表的禁忌对象元素。

6)跳转至步骤 2)。

我们可以明显看到,邻域函数、禁忌对象、禁忌表和特赦准则,构成了禁忌搜索算法的关键。其中,邻域函数沿用局部邻域搜索的思想,用于实现邻域搜索;禁忌对象和禁忌表的设置,体现了算法避免迂回搜索的特点;特赦准则,则是对优良状态的奖励,它是对禁忌策略的一种放松。需要指出的是上述算法仅是一种简单的禁忌搜索框架,对各关键环节复杂和多样化的设计则可构造出各种禁忌搜索算法。同时,算法流程中的禁忌对象,可以是搜索状态,也可以是特定搜索操作,甚至是搜索目标值等。

7.2.2　禁忌搜索的相关技术问题

禁忌搜索是人工智能的一种体现,是局部邻域搜索的一种扩展。禁忌搜索最重要的思想是标记对应已搜索的局部最优解的一些对象,并在进一步的迭代搜索中尽量避开这些对象(而不是绝对禁止循环),从而保证对不同的有效搜索途径的探索。禁忌搜索涉及邻域(Neighbourhood)、禁忌表(Tabu List)、禁忌长度(Tabu Length)、候选解(Candidate Solution)、特赦准则(Aspiration Criterion)等概念,而这些概念也是设计一个禁忌搜索算法的关键环节所在。本节主要从实现技术上介绍禁忌搜索算法最基本的操作和参数的常用设计原则及方法。

1. 禁忌表

禁忌表中的两个主要指标是禁忌对象和禁忌长度，而禁忌长度和候选解集的大小是影响 TS 算法性能的两个关键参数。

（1）禁忌对象

禁忌对象指的是被置入禁忌表中的那些变化元素。根据解状态的变化分为解的简单变化、解向量分量的变化和目标值变化三种情况，则禁忌对象通常可选取状态本身、状态分量或目标值的变化等。

以状态本身或其变化作为禁忌对象是最为简单、最容易理解的途径。具体而言，当状态由 x 变化至状态 y 时，将状态 y（或 $x \rightarrow y$ 的变化）视为禁忌对象，从而在一定条件下禁止了 y（或 $x \rightarrow y$ 的变化）的再度出现。

（2）禁忌长度

禁忌长度，是禁忌对象不允许被选取的迭代次数。有关禁忌长度 t 的选取，可以归纳为三种情况。

1）禁忌长度为常量：如某个常数 $t = 10$，或者固定为与问题规模相关的一个量，如 $t = n$（n 为问题维数或规模）。

2）禁忌长度 $t \in [t_{\min}, t_{\max}]$，即禁忌长度可以是动态变化的，如根据搜索性能和问题特性设定禁忌长度的变化区间，如 $[3, 10]$、$[0.9^{\sqrt{n}}, 1.1^{\sqrt{n}}]$ 等，而禁忌长度则可按某种原则或公式在其区间内变化。

3）$t_{\min}$、$t_{\max}$ 为动态变化，即禁忌长度的区间大小也可随搜索性能的变化而动态变化。

禁忌长度的选取与问题特性、研究者的经验有关，它决定了算法的计算复杂性。一般而言，当算法的性能动态下降较大时，说明算法当前的搜索能力比较强，也可能当前解附近极小解形成的"波谷"较深，从而可设置较大的禁忌长度来延续当前的搜索行为，并避免陷入局部极小。大量研究表明，禁忌长度的动态设置方式比静态方式具有更好的性能和鲁棒性，而更为合理高效的设置方式还有待进一步研究。

（3）候选解

候选解集通常是当前状态的邻域解集的一个子集。候选解通常在当前状态的邻域中择优选取，但选取过多将造成较大的计算量，而选取过少则容易造成早熟收敛。然而，要做到整个邻域的择优往往需要大量的计算，因此可以确定性或随机性地在部分邻域解中选取候选解，具体数据大小则可视问题特性和对算法的要求而定。

在算法的构造和计算过程中,一方面要求计算量和存储量尽量少,这就要求禁忌长度和候选解集要尽量小;但是,另一方面,禁忌长度过短将造成搜索的循环,候选解集过小将容易造成早熟收敛,陷入局部极小。

2. 评价函数

禁忌搜索的评价函数是候选集合元素选取的一个评价公式,也是用于对搜索状态的评价,进而结合禁忌准则和藐视准则来选取新的当前状态。显然,目标函数直接作为评价函数是比较容易理解的做法,但有时为了方便或易于理解,目标函数的任何变形都可作为评价函数。

若目标函数的计算比较困难或耗时较多,如一些复杂工业过程的目标函数值需要一次仿真才能获得,此时可采用反映问题目标的某些特征值来作为评价值,进而改善算法的时间性能。当然选取何种特征值要视具体问题而定,但必须保证特征值的最佳性与目标函数的最优性一致。

3. 邻域函数

邻域函数是优化中的一个重要概念,其作用就是指导如何由一个(组)解来产生一个(组)新的解。邻域函数的设计往往依赖于问题的特性和解的表达方式,应结合具体问题进行分析。

在组合优化中,邻域的基本思想仍旧是通过一个解产生另一个解。后部搜索算法是基于贪婪思想利用邻域函数进行搜索的,它通常可描述为:从一个初始化解出发,利用邻域函数持续地在当前解的邻域中搜索比它好的解,若能够找到如此的解,就以之成为新的当前解,然后重复上述过程,否则结束搜索过程,并以当前解作为最终解。可见,局部搜索算法尽管具有通用易实现的特点,但搜索性能完全依赖于邻域函数和初始解,邻域函数设计不当或初值选取不合适,则算法最终的性能会很差。同时,贪婪思想无疑将使算法丧失全局优化能力,也即算法在搜索过程中无法避免陷入局部极小。因此,若不在搜索策略上进行改进实现全局优化,局部搜索算法采用的邻域函数必须是"完全的",即邻域函数将导致解的完全枚举。而这在大多数情况下无法实现,且穷举的方法对于大规模问题在搜索时间上是不允许的。

4. 特赦准则

在禁忌搜索算法的迭代过程中,可能会出现候选解全部被禁忌,或者有一对象被禁,但若解禁则其目标值将有非常大的下降情况。此时为实现全局最优,将使某些状态解禁,称为特赦,相应的规则称为特赦准则。在此给出特赦准则的几种常用方式。

（1）基于评价值的准则

若某个禁忌候选解的评价值优于"x^{best}"状态，则解禁此候选解为当前状态和新的"x^{best}"状态；该准则可直观理解为算法搜索到了一个更好的解。

（2）基于搜索方向的准则

若禁忌对象上次被禁时使得评价值有所改善，并且目前该禁忌对象对应的候选解的评价值优于当前解，则对该禁忌对象解禁。该准则可直观理解为算法正按有效的搜索途径进行。

（3）基于最小错误的准则

若候选解均被禁忌，且不存在优于"x^{best}"状态的候选解，则对候选解中最佳的候选解进行解禁，以继续搜索。该准则可直观理解为对算法死锁的简单处理。

（4）基于影响力的准则

在搜索过程中不同对象的变化对目标值的影响有所不同，有的很大，有的较小。可以理解为，解禁一个影响力大的禁忌对象，才能得到一个更好的解。需要指出的是影响力仅是一个标量指标，可以表征目标值的下降，也可以表征目标值的上升。譬如，若候选解均差于"x^{best}"，而某个禁忌对象的影响力指标很高，且很快将被解禁，则立刻解禁该对象以期待更好的状态。而这种影响力可作为一种属性与禁忌长度和目标值来共同构造特赦准则。显然，这种准则需要引入一个标定影响力大小的度量和一个与禁忌任期相关的阈值，无疑增加了算法操作的复杂性。同时，这些指标最好是动态变化的，以适应搜索进程和性能的变化。

5.禁忌频率

记忆禁忌频率（或次数）是对禁忌属性的一种补充，可放宽选择决策对象的范围。譬如，如果某个目标值频繁出现，则可以推测算法陷入某种循环或某个极小点，或者说现有算法参数难以有助于发掘更好的状态，进而应当对算法结构或参数做修改。在实际求解时，可以根据问题和算法的需要，记忆某个状态的出现频率，也可以是某些对换对象或目标值等出现的信息，而这些信息又可以是静态的，或者是动态的。

静态的频率信息主要包括状态、目标值或对换等对象在优化过程中出现的频率，其计算相对比较简单，如对象在计算中出现的次数，出现次数与总迭代步数的比，某两个状态间循环的次数等。显然，这些信息有助于了解某些对象的特性，以及相应循环出现的次数等。

动态的频率信息主要记录从某些状态、目标值或对换等对象转移到另一些状态、目标值或对换等对象的变化趋势，如记录某个状态序列的变化。

显然,对动态频率信息的记录比较复杂,而它所提供的信息量也较多。常用的方法如下:

1) 记录某个序列的长度,即序列中的元素个数,而在记录某些关键点的序列中,可以按这些关键点的序列长度的变化来进行计算。

2) 记录由序列中的某个元素出发后再回到该元素的迭代次数。

3) 记录某个序列的平均目标值,或者是相应各元素的目标值的变化。

4) 记录某个序列出现的频率等。

频率信息有助于加强禁忌搜索的能力和效率,并且有助于对禁忌搜索算法参数的控制,或者可基于此对相应的对象实施惩罚。譬如,若某个对象出现频繁,则可以增加禁忌长度来避免循环;若某个序列的目标值变化较小,则可以增加对该序列所有对象的禁忌长度,反之则缩小禁忌长度;若最佳目标值长时间维持下去,则可以终止搜索进程而认为该目标值已是最优值。

6.终止准则

禁忌搜索算法是一种启发式算法,其严格实现理论上的收敛条件,即在禁忌长度充分大的条件下实现状态空间的遍历,这显然是不切合实际的,因而需要一个终止准则来结束算法的搜索进程,而实际设计算法时通常采用近似的收敛准则。常用方法如下:

1) 给定最大迭代步数。此方法简单易操作,可控计算时间,但难以保证优化质量。在采用这个准则时,应当记录当前最优解。

2) 设定某个对象的最大禁忌频率。即若某个状态、目标值或对换等对象的禁忌频率超过某一个给定的标准时,则终止算法。

3) 目标值变化控制原则。在禁忌搜索算法中,提倡记忆当前最优解。如果在一个给定的步数内,目标值没有改变,即认为解不会改进,终止运算。

4) 目标值偏离程度原则。对一些问题可以简单地计算出它们的下界(目标为极小),当目标值与下界的偏离小于一个给定的充分小的正数时,表示目前计算得到的解与最优值接近,则终止计算。

7.2.3　禁忌搜索算法的收敛性

迄今为止,禁忌搜索算法在许多领域得到了成功应用。尽管许多文献通过仿真研究来探讨参数和操作对算法性能的影响,但其理论研究还远远不够完善。王凌针对一类有限状态集下的极小值问题给出了收敛定理并予以证明。该定理指出,若有限状态空间对由当前解的邻域解集合中的非禁忌或满足特赦准则的候选解集是连通的(即任意两个状态可通过有限步邻域搜索互达),并且禁忌表的大小充分大,则禁忌搜索一定能够达到全局最优解。

然而要使禁忌表的大小充分大,即遍历所有状态,显然在时间上是不可承受的。同时,上述定理的证明是在禁忌准则和特赦准则的抽象意义上进行的,并没有指出算法操作对性能的具体作用,尤其未涉及算法的效率。因此在理论上,操作和参数对算法性能的影响及算法搜索效率尚有待进一步研究。

7.3　混合遗传算法

混合遗传算法的一种常见形式是遗传算法与局部搜索的结合。遗传算法善于全局搜索,但收敛速度慢,然而局部搜索善于微调但易陷入局部最优。本算法结合了遗传算法的全局搜索能力和禁忌搜索算法的局部搜索能力这两种性能,使遗传算法在用于全局搜索时避免陷入局部最优,局部搜索用于引导微调。

尽管 GA 能够胜任任意函数、高维空间的优化问题,但是对于如优化大规模神经元网络的权系数、优化网络的结构等超大规模的优化问题,GA 的应用就受到了限制。究其原因,主要在于 GA 在进化搜索过程中,每代总是要维持一定规模的群体。若群体规模小,含有的信息量也少,不能使 GA 的威力得到充分发挥;若群体规模大,包含的信息量也较大,但计算次数的增加是呈非多项式增长的,因此限制了 GA 的使用。

另一个不足之处是"早熟"。造成这种成熟前收敛的原因,一方面是 GA 中最重要的遗传算子 —— 交叉算子使群体中的染色体具有局部相似性,父代染色体的信息交换量小,从而使搜索停滞不前;另一方面是变异概率又太小,以至于不能驱动搜索转向其他的解空间进行搜索。此外,GA 还有爬山能力差的弱点,这也是由于变异概率低造成的。因此如何提高 GA 的爬山能力成为一个重要的研究方向。

禁忌搜索(TS)方法是对局部邻域搜索的一种扩展,是一种全局逐步寻优算法,是对人类智力过程的一种模拟。TS 算法通过引入一个灵活的存储结构和相应的禁忌准则来避免迂回搜索,并通过藐视准则来赦免一些被禁忌的优良状态,进而保证多样化的有效探索以最终实现全局优化。

人们发现,TS 的搜索速度比 GA 的搜索速度快,但同时也注意到 TS 对于初始解具有较强的依赖性。一个较好的初始解可使 TS 在解空间中搜索到更好的解,而一个较差的初始解则会降低 TS 的收敛速度,搜索到的解也相对较差。为此,人们往往首先使用某种算法,例如启发式算法,获得一个满意的初始解来提高 TS 的性能。TS 的另一缺陷是搜索,其只是单一单操作,即在搜索过程中初始解只能有一个,在每代也只是把一个解移动到另一解,而不像 GA 那样每代都是对多个解(群体)进行操作。

综上所述,禁忌搜索算法对于解混合最优问题 COPs(Combinatorial Optimization Problems) 是非常有效的,它在邻域中重复地搜索准则,快速而高效率地向好的方向移动。但它存在一个问题,即在算法中必须调整不同的参数。从这点看禁忌搜索没有很好的鲁棒性,因为参数的选取对最后得到的解有着直接的影响。由于遗传算法只需调整种群的几个参数而不是单个的解,因而遗传算法是禁忌搜索方法的一个补充。图 4.2 所示是 GATS 算法中遗传算法和禁忌搜索法的混合结构。具体地讲,就是将遗传算法中的交叉和变异操作产生的新个体(多个),看作是禁忌搜索法中当前解 X_n 的邻域 $V(X_n)$,然后,搜索 $V(X_n)$ 中的每一个个体。

本文的 GATS 算法可以从邻域 $V(X_n)$ 中选择多个解,只要选择出的这些解都能通过 GATS 算法的禁忌结构的筛选即可,这正体现了遗传算法是基于群体而不是个体进行演变的这一重要特征。图 7-2 中,若将 TS 模块去掉,则整个结构即为典型的遗传算法结构。GA 模块的作用相当于构造了禁忌搜索法的邻域结构,以及为其提供了较好的初始解。由图 7-2 可看出,这种混合结构由于融入了禁忌搜索法的思想,使得那些只有通过禁忌检验的个体,才能真正地被作为新的个体所接收,这一方面使得那些有效基因缺失,但适宜度不高于其父代的个体被禁忌;另一方面,也使得那些包含有有效基因,但适宜度较低的个体有更多的机会参加交叉和变异,从而延缓或避免了早熟收敛的发生,也提高了遗传算法的爬山能力。

图 7-2　GATS 算法中的 GA 和 TS 的混合结构

7.4　GATS 混合算法的设计

本文的 GATS 算法是先用 GA 进行全局搜索,使群体中的个体比较稳定地分布在解空间的大部分区域,再从群体中每个个体开始,用 TS 算法进行局部搜索,以改善群体的质量,这样可减少调用 TS 算法的次数,也就减少了计算时间。混合策略有效结合 GA 并行的大范围搜索能力和 TS 的局部搜索能力,力图在算法的全局收敛性能和避免局部极小方面有较大改善。该算法的最大优点是满足收敛条件,这是其他混合算法无法比拟的优势。如图 7-3 所示是 GATS 混合算法流程图,下面给出混合策略的计算过程。

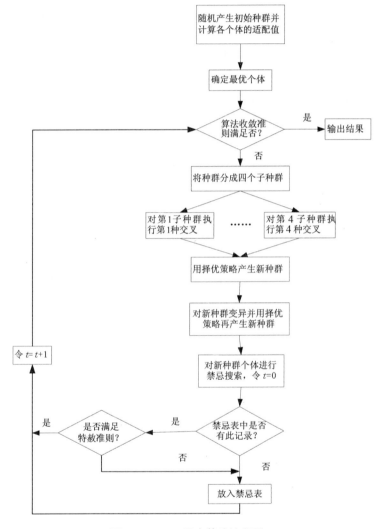

图 7-3　GATS 混合算法流程图

步骤 1:给定初始参数(包括最大迭代次数 T,群体规模 m,交换概率 p_c 和变异概率 p_m)。

步骤 2:确定编码方式,令 $t = 0$。

步骤 3:随机产生初始群体,其中有 m 个个体 $x_t^1, \cdots, x_t^m$。

步骤 4：计算群体中每个个体的适应值 $f\binom{1}{t},\cdots,f\binom{m}{t}$。

步骤 5：从群体中选择 m 个个体作为下一代的父本点，每个个体被选择的概率为

$$P_i = \frac{f(x_t^i)}{\sum\limits_{j=1}^{m} f(x_t^j)} \quad i=1,2,\cdots,m$$

选择过程中使用保优原则（即上一代最优的个体以概率 1 保存至下一代）。

步骤 6：根据交换概率，对群体中的个体进行交换运算。

步骤 7：根据变异概率，对群体中的个体进行变异运算，产生新一代群体。

步骤 8：调用 TS 搜索过程，对新一代群体中的每一个个体进行局部搜索，改进群体点的质量，设改进后的群体点为 $x_{t+1}^1,\cdots,x_{t+1}^m$。

步骤 9：如果 $t<T$，令 $t=t+1$，转步骤 4；否则转步骤 10。

步骤 10：停止运算，$x_{t+1}^1,\cdots,x_{t+1}^m$ 中目标函数值最优的点作为最终计算结果。

交叉方法 1：首先选取父代染色体 1 和 2，随机产生一个与染色体长度相同的向量，该向量由数字 1、2 组成。向量定义了从父代 1 和父代 2 中选取基因的顺序。从一个父代上选取 1 个基因并从另一个父代上消除对应的基因，并且将该基因加到子代上去；重复该步骤直到两父代染色体为空并且子代染色体包含所有的基因。

交叉方法 2：从父代染色体中任意选取一个子串，然后把该子串插入父代 2 的子串中第一个基因出现的位置，然后从得到的染色体中删掉子串索引所对应的所有基因。

交叉方法 3：从父代染色体 1 中任意选取一个子串，先从染色体 2 中删掉子串索引所对应的所有基因，然后把该子串插入父代 2 中子串在父代 1 中出现的位置。

交叉方法 4：从父代染色体 1 中任意选取一个子串，然后把该子串插入父代 2 中子串在父代 1 中出现的位置，从染色体 2 中删掉子串索引所对应的所有基因。

注意每种交叉方法都可以通过交换父代 1 和父代 2 的位置产生两个子代。交叉的实例如下所示。

父代 1：3 2 2 2 3 1 1 1 3

索引：1 1 2 3 2 1 2 3 3

父代 2：1 1 3 2 2 1 2 3 3

索引：1 2 1 1 2 3 3 2 3

随机产生的数字:1 1 2 2 2 2 1 1 1

交叉方法1结果:子代1:3 2 1 1 2 1 2 3 3

子代2:1 1 3 2 2 2 1 3 3

交叉方法2结果:子代1:3 2 2 1 2 3 1 1 3

子代2:3 2 2 1 2 3 1 1 3

交叉方法3结果:子代1:3 2 2 2 3 1 1 1 3

子代2:3 3 1 2 2 1 2 1 3

交叉方法4结果:子代1:3 2 3 1 1 2 2 1 3

子代2:3 2 2 1 2 3 1 1 3

变异:在染色体中随机选择几个基因,然后随机交换不同基因的位置。

父代染色体:1 2 3 1 2 3 1 2 3

子代染色体:2 2 3 1 1 3 1 2 3

2 2 3 1 3 3 1 2 1

3 2 3 1 2 3 1 2 1

3 2 3 1 1 3 1 2 2

1 2 3 3 2 3 1 2 2

选择:选择操作用于避免有效基因的损失,使高性能的个体得以更大的概率生存,从而提高全局收敛性和计算效率。通常由两种选择策略,其一为纯选择(Pure Selection)记为 S = P,即种群中每一个体根据其适配度值作比例选择;其二为保优策略(Elitist Strategy),记为 S = E,即先用纯选择进行选择,然后将迄今为止最好的加入下一代种群,该策略可防止最优解的遗失。

目标函数:在 JSSP 问题中,Make-span 表现了很好的性能度量标准。Make-span 小的调度结果通常意味着机床有着较高的利用率,选用 Make-span 的目的是为了比较和评估在 JSSP 问题中使用调度方法的性能。大多数 JSSP 问题的目标是使 Make-span 最小化。当一个染色体代表一个置换类型,Make-span 通过满足工艺顺序的条件下把各操作分配给各机床而产生。

染色体表现型:选择一种合适的染色体表现型是应用遗传算法寻优的第一步。考虑到存在柔性路径的情况,选择了基于工序的表达法,给所有同一零件的工序指定相同的符号,然后根据它们在给定染色体中出现的顺序加以解释,如表7-1所示。

表 7-1　　编码方式

工序	2-1	1-1	3-1	4-1	4-2	3-2	2-3	2-2	1-3	1-2	3-3	4-3
染色体	2	1	3	4	4	3	2	2	1	1	3	4

以零件 4 为例,由表 7-1 可知,该零件有三道工序,分别用 4-1、4-2 和 4-3 来表示。在遗传算法的染色体中都用"4"来表示,由于工序的先后顺序是固定的,所以在染色体中第一次出现的"4"代表工序 4-1,其次代表工序 4-2,最后出现的"4"代表工序 4-3。很容易看出染色体的任意排列总能产生可行调度,而且可以肯定这种编码方式一定含有最优调度,初始种群是随机产生的。

7.5　算 法 验 证

由于本书与经典 GATS 混合算法所采用的交叉、变异方法及选取参数不同,特此验证该算法的正确性,现以单资源车间调度为例进行研究。单资源车间调度指只有一种资源制约着车间的生产能力,机床设备的数量不能同时满足所有可加工工序立即被加工的要求。

7.5.1　调度模型

作业车间调度问题(简称 JSP)是许多实际生产调度问题的简化模型,是一个典型的 NP-hard 问题,因此其研究具有重要的理论意义和工程价值,它也是目前研究最广泛的一类典型调度问题。JSP 研究 n 个工件在 m 台机器上的加工,已知各操作的加工时间和各工件在各机器上的加工次序约束,要求确定与工艺约束条件相容的各机器上所有工件的加工开始时间、完成时间或加工次序,使加工性能指标达到最优。下面给出一个 n、m、G、C_{max} 调度问题的常用数学描述。

本研究的调度模型是作业车间需要加工多种工件,每种工件有多条工艺加工路线;要求制订出一个生产计划,它不仅为每一个工件决定一条工艺加工路线,而且还必须满足整个车间的生产周期最短。在建模的过程中为了满足调度目标,先在以往调度的标准性假设基础上做如下假设:① 任何零件不允许提前加工;② 所有零件在零时刻可以被加工;③ 每一道工序都有其特定的工作内容和加工时间;④ 一个零件在某台机床上被加工完毕立即送往工艺加工路线中的下一台机床,运送时间忽略不计;⑤ 不同工序的机械加工辅助时间被计入机械加工时间;⑥ 工人的延误时间忽略不计。

调度的目标为

$$\min Z \tag{7.3}$$

约束条件如下:

(1) 零件 i 的第 j 条工艺加工路线中的最后一道工序

$$T_{ijhm} - H(1 - X_{ij}) \leqslant Z \tag{7.4}$$

(2) 零件 i 的第 j 条工艺加工路线中的非最后一道工序

$$T_{ijhm} - T_{ij(h-1)g} + H(1 - X_{ij}) \geqslant t_{ijhm} \tag{7.5}$$

$$\forall i, j, m, h, g \quad h \neq 1$$

(3) 零件 i 的第 j 条工艺加工路线中的第一道工序

$$T_{ijhm} + H(1 - X_{ij}) \geqslant t_{ijhm} \tag{7.6}$$

$$\forall i, j, m, h \quad h = 1$$

(4) 零件 i 的第 j 条工艺加工路线和零件 p 的第 q 条工艺加工路线中都有工序要在机床设备 m 上加工

$$T_{ijhm} - T_{pqsm} + HY_{ijhpqsm} + H(1 - X_{ij}) + H(1 - X_{pq}) \geqslant t_{ijhm} \tag{7.7}$$

$$T_{pqsm} - T_{ijhm} + H(1 - Y_{ijhpqsm}) + H(1 - X_{ij}) + H(1 - X_{pq}) \geqslant t_{pqsm} \tag{7.8}$$

(5) 所有零件只能有一条工艺加工路线被选中

$$\sum_j X_{ij} = 1 \tag{7.9}$$

(6) 零件 i 和零件 p 的任何一条工艺加工路线都需要使用机床设备 m

$$-X_{ij} + \sum_q Y_{ijhpqsm} \leqslant 0 \tag{7.10}$$

$$-X_{pq} + \sum_j Y_{ijhpqsm} \leqslant 0 \tag{7.11}$$

(7) 零件 i 的第 j 条工艺加工路线中的任何一道工序

$$T_{ijhm} \geqslant 0 \tag{7.12}$$

式中, Z 为生产周期(Make-span); i 为零件; j 为属于一个零件的一条工艺加工路线; m 为机床设备; h 为零件的一条工艺加工路线的第 h 道工序; t_{ijhm}、T_{ijhm} 分别为零件 i 的第 j 条工艺加工路线中的第 h 道工序在机床 m 上的加工时间和加工完毕时刻; H 为非常大的正数; $Y_{ijhpqsm}$ 为机床 m 加工工序 h 和 s 的顺序判别条件,当工序 h 和 s 都在机床 m 上被加工时,如果零件 i 的第 j 条工艺加工路线中的第 h 道工序先于零件 p 的第 q 条工艺加工路线中的第 s 道工序被加工,则 $Y_{ijhpqsm} = 1$,否则 $Y_{ijhpqsm} = 0$, X_{ij} 为零件 i 的第 j 条工艺加工路线被选中的判别条件,如果选中,则 $X_{ij} = 1$,否则 $X_{ij} = 0$;如果

零件 i 的第 j 条工艺加工路线在式(7.4)和式(7.9)的条件下被选中,则式(7.3)中的目标方程用来限制该工艺加工路线最后一道工序的完工时刻;式(7.9)确保每个零件只有一条工艺加工路线被选中;式(7.5)和式(7.6)确保对于一个指定的零件,在机床 g 上加工的顺序 $h-1$ 先于在机床 m 上加工的下一道工序 h,式(7.7)和式(7.8)确保两道不同的工序不能同时在同一台机床上被加工,而且任何机床在任何时候都不能加工一道以上的工序;式(7.7)表示零件 p 的第 q 条工艺加工路线中第 s 道工序在机床 m 上先于零件 i 的第 j 条工艺加工路线中第 h 道工序被加工,而式(7.8)表示了相反的加工顺序;同时,当每个零件只有一条工艺加工路线被选择后,这种先后顺序也被式(7.10)和(7.11)所确保。

单工艺加工路线的调度是多工艺加工路线调度的特例,该仿真试验中,以 6 个工件、6 台机器的调度问题为例。每一道工序可以在可供选择的机床上被加工,如表 7-2 所示,在调度之前每一个零件有一条工艺加工路径,目的是寻找最佳调度使得生产周期最短。这里,一个可行的调度就是一条染色体。采用的启发式规则是优先选择最短加工时间的工序(Shortest Processing Time first,SPT),它被证实是求解生产周期和平均流动时间的最佳规则。

表 7-2　零件的加工信息

J	O	M_1	M_2	M_3	M_4	M_5	M_6	J	O	M_1	M_2	M_3	M_4	M_5	M_6
J_1	1-1			1				J_4	4-1		5				
	1-2	3							4-2	5					
	1-3		6						4-3			5			
	1-4				7				4-4				3		
	1-5						3		4-5					8	
	1-6					6			4-6						9
J_2	2-1		8					J_5	5-1			9			
	2-2			5					5-2		3				
	2-3					10			5-3					5	
	2-4						10		5-4						4
	2-5	10							5-5	3					
	2-6				4				5-6				1		
J_3	3-1		5					J_6	6-1		3				
	3-2				4				6-2			3			
	3-3						8		6-3						9
	3-4	9							6-4	10					
	3-5		1						6-5					4	
	3-6					7			6-6			1			

建立零件 1 的 PN 模型如图 7-4 所示,其中各符号的意义:p_i 表示第 i 个零件的初始状态;p_i^m 表示第 i 台机器;$p_{i,j,k}$ 表示第 i 个零件的第 j 个操作在第 k 台机器上进行;$t_{i,j,k}^s$ 表示 $p_{i,j,k}$ 操作开始;$t_{i,j,k}^e$ 表示操作 $p_{i,j,k}$ 结束;$p_{i,j}^b$ 表示零件 i 的第 j 个操作结束后的缓冲区;p_1^f 表示第 1 个零件加零完成。

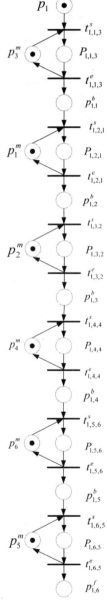

图 7-4　零件 1 的 PN 模型

7.5.2   调度结果与分析

所提出的调度算法采用的分派规则是 SPT,性能指标是最短生产周期。遗传算法的参数设置:种群个数是 50,交叉率是 0.8,变异率是 0.01,迭代次数是 50。用我们提出的调度算法获得的最短生产周期为 55,与典型实例比较使用本算法所得解为最优。通过 Gantt 图可以清晰地了解到在每台机床上加工的工件及其各工序加工的起始时间和终止时间。

从生产周期是 55 的调度中选出 4 个方案如图 7-5 所示,图 7-5 显示了工序和机床的分配关系。图中横坐标表明了这批零件加工的时间历程,纵坐标表明了机床设备,不同的工件及工序用三个字符在 Gantt 图上来表示,前两位表示工件号,第三位表示工序号;例如第一台机床上的"042"表示第四个工件的第二道工序在第一台机床上被加工;第二台机床上"061"表示第六个工件的第一道工序在第二台机床上被加工。通过横坐标的时间关系,可以很容易的从图中区分每个工件的每一道工序,同时也可以从图中查出任何一道工序的起始时间和加工结束时间。

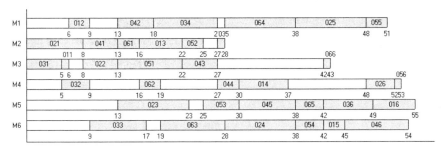

(a)

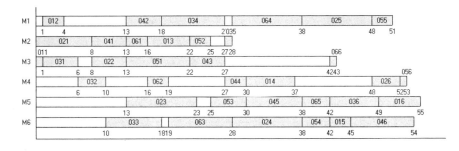

(b)

图 7-5   单资源制约下的调度 Gantt 图

第8章　双目标车间优化调度

8.1　引　　言

在实际生产过程中,工件的调度不仅要受到机床资源的制约,而且还会受到工人资源的制约,工人与机床不一定是一一对应的关系,有的工人可以操作多台机床,有的机床也可以由不同的工人来操作。由于工人对机床的熟练程度是不同的,因而不同的工人操作同一台机床的费用也是不一样的。

本章研究的内容是从每一个零件的多条工艺加工路线中选择当前的一条最佳工艺加工路线的同时,考虑受机床和工人的制约及机床突发故障的情况下,形成以生产周期和生产成本为目标函数的最优调度。

8.2　双目标权衡决策

由于时间和成本是不同量纲的参数,从而使得适应度函数复杂起来,可以根据以下步骤处理。

首先对时间和成本按照式(8.1)进行无量纲的标准化处理,再根据对生产率和生产成本的要求分别确定加权系数,按照式(8.2)把多目标的优化问题转化为单目标的优化问题。

例如,表8-1中的几种调度方案指标经过标准化处理后得到表8-2所示的结果,如果取生产时间权重系数与生产成本权重系数均为0.5,则调度方案 A_2 的综合指标为最优。

表 8-1   三种调度方案的指标值

调度方案	生产时间	生产费用
A_1	17	60
A_2	18	55
A_3	20	50

表 8-2   经过标准化处理的三种调度方案的指标值

调度方案	生产时间	生产费用
A_1	1	100
A_2	34	50.5
A_3	100	1

无量纲标准化处理公式为

$$a_{ij} = \frac{99(c_{ij} - \min_i c_{ij})}{\max_i c_{ij} - \min_i c_{ij}} + 1 \tag{8.1}$$

式中,a_{ij} 与 c_{ij} 分别指表 8-2 和表 8-1 中的第 i 行 j 列的指标值。

线性加权和公式为

$$U_i = \sum_i (a_{ij} w_i) \tag{8.2}$$

式中,w_i 为第 i 个指标的权重系数;U_i 为第 i 个方案的综合指标。

8.3   生产周期 - 生产成本双目标调度优化

过去大多数的车间调度问题研究集中在工艺路线固定的、仅受机床资源制约的、以生产周期为优化目标的、单资源和单目标的调度问题。然而,在实际生产过程中,生产形式是多种多样的,工件的加工路线往往有多条,至于选择哪一条要由当时的具体条件决定。由于机床性能不同,工件的工序在不同机床上的加工时间和加工费用是不相同的。在加工过程中,工件要在车间或仓库内存储,这样就产生了存储费用。市场经济不仅要求企业以高生产率生产,而且要求企业以低成本运作。成本费用也是影响企业生产经营的重要因素。针对上述实际情况,在充分考虑了机床的限制,以及工件有多种工艺路线等条件,设计了时间 — 成本双目标优化的适应度函数。

工艺路线可变的单资源双目标车间作业调度问题可以描述为:假定一个加工系统有 m 台机器、n 个工件,每个工件包含一道或多道工序,工件的工序顺序是预先确定的,但每个工件可能有几条可行的加工路线,即每道工序可以在多台不同的机床上加工,工序加工时间和加工费用随机床的性能不同而变化。

在 8.2 节算法的基础上,对 4 个工件、6 个机床的一个作业排序问题进行了研究,主要数据如表 8-3 和表 8-4 所示。其中 J 为工件;O 为工序;M_i 为机床;"/"左边的数字为加工时间,右边为加工费用。图中"1-2"的数字"1"为工件号,"2"为工序,其他依次类推。如:工件 J_1 表示第 1 个工序 O_{1-1} 在机床 M_3 上的加工时间为 1,加工费用为 10。表 8-4 表示了各个工序完工后工件的单位时间库存费用,其中 S_i 表示第 i 个工序加工前单位时间的存储费用。表 8-5 为运用上述算法得到在不同权重系数下的最优调度参数表。图 8-1 为零件 1 的 Petri 网模型,其中各符号的意义:p_i 表示第 i 个工件的初始状态;p_i^m 表示第 i 台机器;$p_{i,j,k}$ 表示第 i 个工件的第 j 个操作在第 k 台机器上进行;$t_{i,j,k}^s$ 表示 $p_{i,j,k}$ 操作开始;$t_{i,j,k}^e$ 表示操作 $p_{i,j,k}$ 结束;$p_{i,j}^b$ 表示工件 i 的第 j 个操作结束后的缓冲区;p_1^f 表示第 1 个工件加工完成。按照此方法可以依次建立其余工件的 PN 模型,最后将这些模型通过表示机器的资源库所联结起来,便得到系统的整个模型,由于图形巨大,在此予以省略。图 8-2 ～ 图 8-4 为对应的机床调度 Gantt 图。

表 8-3　工序的加工时间、加工费用

J	O	M_1	M_2	M_3	M_4	M_5	M_6	J	O	M_1	M_2	M_3	M_4	M_5	M_6
	1-1		2/8	1/10			5/6		4-1		5/6			3/10	
	1-2	3/12				7/6			4-2		5/8		8/6		
J_1	1-3		6/8		2/10			J_4	4-3		7/6	5/10			
	1-4	1/10				7/6			4-4			2/8	3/6		
	1-5			9/6			3/12		4-5	9/10				8/16	
	1-6		4/16			6/8			4-6		8/8		2/16		9/10
	2-1		8/8		2/11				5-1			9/12		10/8	
	2-2	2/10		5/6	1/14				5-2		3/8		7/6		
J_2	2-3		6/12		10/6			J_5	5-3	2/14		6/8		5/10	
	2-4		4/12				10/8		5-4		8/6				4/10
	2-5	10/16			3/6				5-5	3/12			7/6		
	2-6		6/10		4/12				5-6		4/8				1/16
	3-1			5/8			3/12		6-1		3/12			6/6	
	3-2	3/10	5/6		4/8				6-2	9/6			3/16		
J_3	3-3				7/12		8/8	J_6	6-3		5/10				9/6
	3-4	9/18		6/10					6-4	10/10			8/16		
	3-5		1/12			4/8			6-5		7/6			4/10	
	3-6	10/10		2/18		7/12			6-6	2/8		1/10	6/6		

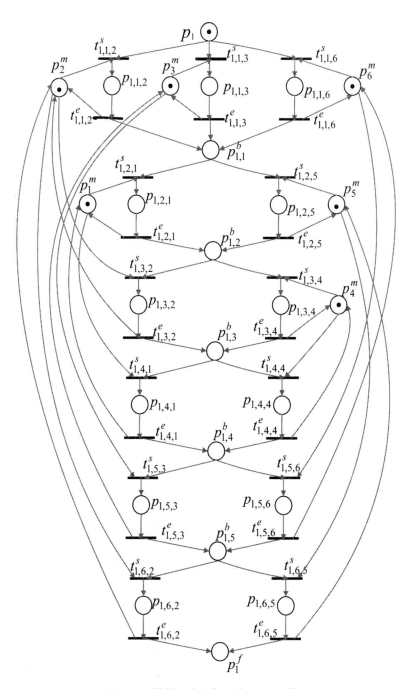

图 8-1　零件 1 的多资源的 Petri 网模型

表 8-4   工序完工后工件的单位时间存储费用

S / J	S_1	S_2	S_3	S_4	S_5	S_6
J_1	1	3	2	1	2	3
J_2	2	1	3	2	1	1
J_3	1	2	1	1	1	2
J_4	3	2	2	1	2	3
J_5	2	1	2	2	1	3
J_6	2	2	3	1	2	1

表 8-5   三种不同权重系数下的最优调度参数表

解	甘特图	时间权重系数	成本权重系数	平均生产周期	平均费用
1	图 8-2	1.0	0	28	76.2
2	图 8-3	0.5	0.5	28.2	75.9
3	图 8-4	0.3	0.7	28.3	75.3

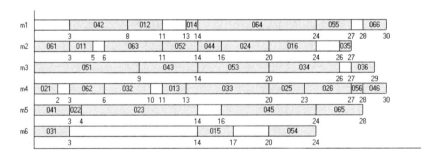

图 8-2   单资源双目标调度 Gantt 图

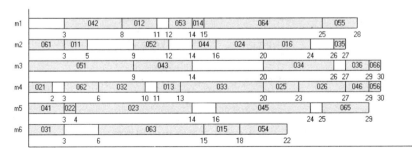

图 8-3   单资源双目标调度 Gantt 图

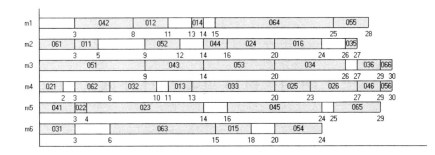

图 8-4　单资源双目标调度 Gantt 图

每个工序在加工过程中发生的存储费用与存储时间成正比,工件的加工不仅受到机床资源的限制,而且受到加工费用和存储费用的影响。作业调度的任务是确定机器上工序的加工顺序,即确定每个工件在各个设备的加工开始时间,在满足约束条件的同时,使得加工成本(即加工费用和存储费用之和)与加工时间的综合目标取得最优值。可以按式(8.3)～式(8.5)分别求出工序的最早开工时间 $T_{MS_{ijkm}}$、最早完工时间 $T_{ME_{ijkm}}$、开工时的最低成本 $F_{MS_{ijkm}}$ 和完工后在最低成本 $F_{ME_{ijkm}}$。

$$T_{MS_{ijkm}} = \max(T_{R_i}, T_{M_i}) \tag{8.3}$$

$$T_{ME_{ijkm}} = T_{MS_{ijkm}} + T_{MO_{ijk}} \tag{8.4}$$

$$F_{MS_{ijkm}} = (T_{MS_{ijkm}} - T_{R_i}) \times F_{S_{ij}} + F_{E_{i(j-1)}} \tag{8.5}$$

$$F_{ME_{ijkm}} = F_{MS_{ijkm}} + F_{MO_{ijk}} \tag{8.6}$$

式中,T_{M_i} 为第 i 个机床的空闲时刻;T_{R_i} 为第 i 个工件准备好加工的时刻;$F_{MO_{ijk}}$、$T_{MO_{ijk}}$ 为第 i 个工件的第 j 个工序在第 k 个机床上的加工费用、时间;$F_{S_{ij}}$ 为工件 i 的第 $j-1$ 个工序与第 j 个工序之间的单位时间存储费用。

计算工序在各个可加工机床上的最早完工时间和完工后的最低费用,按照式(8.1)和式(8.2)计算综合指标,并求综合指标的最小值。如果安排加工该工序,应该在综合指标取得最小值机床上进行。此时,该工序占用的机床记为 $M_{O_{ij}}$,该工序的开工时间、完工时间、开工前的费用和完工后的费用分别记为 $T_{SO_{ij}}$、$T_{EO_{ij}}$、$F_{SO_{ij}}$、$F_{EO_{ij}}$。

从表 8-5 可以看到,如果从单目标时间优化来看,图 8-2 为最优调度,如果从反应时间成本这一双目标问题的总适值优化来看,设定时间、成本权重系数分别为 0.5、0.5,图 8-3 为最优调度。随着时间权重系数和成本权重系数的变化,得到的最优调度也在变化。如果时间权重系数减小、成本权重系数增大,则最优调度的生产周期呈变长趋势、生产成本呈降低趋势。事实上,时间与成本是存在于生产调度过程中的一对矛盾,对生产率和生产成本的要求在不同的条件下是不同的,只要适当调整权重系数,就可以得到具体条件下的最优调度。

8.4　生产周期-机床负载双目标优化调度

　　企业的不同部门分别从自己利益出发对车间调度决策寄予不同的期望,销售部门希望更好地满足对客户承诺的交货期;制造部门希望降低成本、提高工作效率;企业高层则希望尽可能地提高现有资源的利用率。忽略任何一个部门的利益对企业整体的发展都是不利的,寻求多方利益的合理折中成为生产调度决策的关键。据此,本文又从完成时间和机床负载两个方面建立优化目标。完成时间目标用工件的最大完成时间度量,设备利用率目标用机床的总负载度量。由于完成时间目标与机床的总负载为同量纲,可直接采用加权和方式求解,使生产周期、机床负载的综合指标最小。生产周期的计算同前,机床负载的计算公式如下:

　　机床工作时间 ψ

$$\psi = \sum_{i=1}^{m} \psi_i \qquad (8.7)$$

　　机床平均负载 $\bar{\psi}$

$$\bar{\psi} = \sum_{i=1}^{m} \psi_i / m \qquad (8.8)$$

式中,m 为机床的数量;ψ_i 为机床 i 的工作时间。

　　机床均衡负载目标函数

$$\min \sum (\bar{\psi} - \psi_i)^2 \qquad (8.9)$$

　　图8-5～8-7为对应的机床负载Gantt图,表8-6为三种不同权重系数下的最优调度参数表。

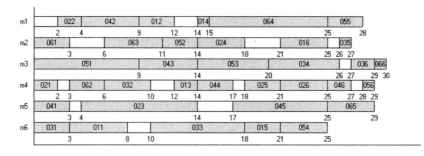

图 8-5　单资源双目标调度 Gantt 图

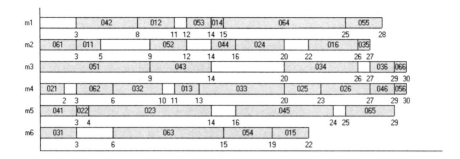

图 8-6　单资源双目标调度 Gantt 图

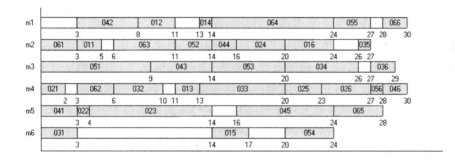

图 8-7　单资源双目标调度 Gantt 图

表 8-6　三种不同权重系数下的最优调度参数表

解	甘特图	时间权重系数	负载权重系数	平均生产周期	平均负载
1	图 8-5	1.0	0	27.2	23.3
2	图 8-6	0.8	0.2	27.5	24.3
3	图 8-7	0.3	0.7	28.5	26.3

8.5　单资源双目标动态调度

　　前面研究了静态生产环境下的作业调度问题,即所有工件在调度开始时刻都处于待加工状态,进行调度后,工件在各机床上的加工顺序及使用的工人、运输小车等资源不再改变。事实上绝大多数的制造系统在实际运行时,会遭遇到各种各样的随机干扰,如机床设备的突然损坏和紧急工件需要加工等。这些干扰不仅打断了系统的正常运作,而且破坏了制定好的调度计划。为应对这些突如其来的变化,调度人员必须采取某些措施,如再调度或对原有的调度进行变更等。可见,静态调度算法不能直接应用于生产实践,寻找一种适应生产变化的动态调度算法是非常必要的。

在生产调度方面,目前将调度策略分成两大类:离线调度和在线调度。离线调度是指在调度规划范围内,所有工件的工序加工信息都是明确的,而且调度是一次性的;在线调度可以在需要的时间进行调度操作。具有优先权的分派调度就属于一种在线调度类型,因为它会根据系统的状态变化,如新的工件到达和某种工件加工完毕等信息,在某个特定时刻做出调度决策。这些调度决策的确定是十分迅速的,因此,在线调度与实时调度的称呼是可以互换的。然而,实时调度也可以用离线调度方式来完成,这时的调度实际上是在原有的调度基础上,做少量改动即可。在某些情况下,由于调度计划中有些机床设备在某段相应的时间段内是闲置的,因此有可能在不改动调度计划的情况下,安排某些突发事件。但是,在绝大多数情况下,这些突发事件会影响系统的性能,因此必须采取正确的措施来应对突发事件。鉴于这种原因,提出了机器损坏的动态调度的框架或策略。

通常的 FMS 仿真研究中的调度控制策略并不包含故障处理策略,一般假设系统是无故障运行的。而 FMS 的系统组成及控制是极其复杂的,假设系统在整个运行过程中的软硬件不会发生任何形式的故障是不现实的。另一方面,一旦遇到某一故障,就不加区分地停止整个系统进行修复或进行重新调度,这种策略也是不可取的。因此,在故障发生的情况下,如何选用合理有效的调度策略,以便避开故障设备,最大限度地维持 FMS 的生产能力,是 FMS 的设计和运行中必须考虑的。

FMS 仿真研究一般以抽象的形式来表达故障。故障可以笼统地看作是系统中某个资源本身或几类资源相互作用下产生的非正常行为。物理意义上的不同故障经过抽象之后,在仿真中的处理可能是相同的,换言之,仿真中的某种故障形式又代表了实际运行中的多种故障,故障调度的基本原则就是尽量缩小故障的影响范围。无论故障调度采用了什么样的处理方法,均不应去破坏整个控制系统由计划管理到总体协调等一系列的逻辑关系。

机床故障是多样化的,可以不考虑何种故障,而按其严重程度或所需修复时间长短笼统地分为两大类,即机床大故障和机床小故障。机床大故障,一般是指维修时间较长(例如 1 小时以上)的较严重的故障,常常需要停机检修。机床小故障是指维修时间较短(例如 1 小时以内)的较轻微故障。由于其修复时间较短,如果采用与机床发生大故障时相同的调度策略,则影响其他机床的工作。本文仅以机床大故障为例说明单资源双目标的动态调度。这类故障对工件的加工有较大影响,如果等待机床修复完成再继续加工,则很可能导致该批工件不能按时交货,因此必须为这些工件寻找其他的加工路径与设备。

8.5.1　生产周期 - 生产成本双目标动态调度

我们仍然采用前面的单资源双目标(加工时间与生产成本)静态调度的例子,其调度结果见图 8-8(a),若机床 4 在 $t = 14$ 时发生大故障,此时,机床 6 必须完成当前工件 3 的第 3 道工序的加工,在 $t = 18$ 时才可以参与调度。其他机床可以马上参与到新的调度中去,则故障后的调度结果如图 8-8(b) 所示,使新方案图 8-8(b) 与旧方案图 8-8(a) 有效的衔接起来,得到机床 4 发生故障后的动态调度 Gantt 图如图 8-9 所示。动态调度系统考虑了重调度时各台机床的当前状态,从而可使新方案与旧方案有效衔接起来,避免了工序冲突现象的发生,提高了柔性制造系统的生产效率。图 8-9 ～ 图 8-11 为不同权重系数下的最优调度 Gantt 图,表 8-7 为不同权重系数下的最优调度参数。

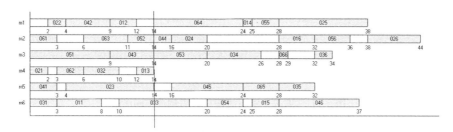

（a）静态调度 Gantt 图

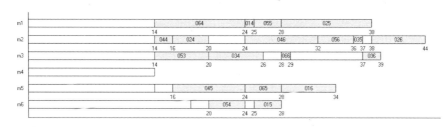

（b）机床 4 发生故障后的调度 Gantt 图

图 8-8　调度 Gantt 图

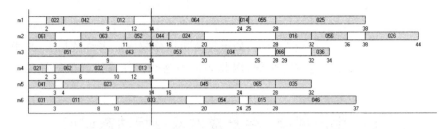

图 8-9　机床 4 发生故障后的再调度 Gantt 图

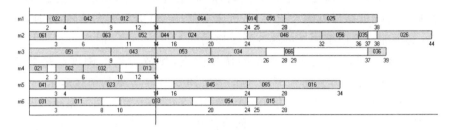

图 8-10　机床 4 发生故障后的再调度 Gantt 图

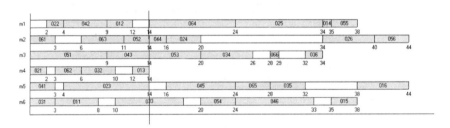

图 8-11　机床 4 发生故障后的再调度 Gantt 图

表 8-7　三种不同权重系数下的最优调度参数表

解	甘特图	时间权重系数	生产成本权重系数	平均生产周期	平均费用
1	图 8-9	1.0	0	35.3	75
2	图 8-10	0.8	0.2	35.7	73.3
3	图 8-11	0.3	0.7	37.3	72.3

8.5.2　生产周期 - 机床负载双目标动态调度

我们依然采用前面的单资源双目标(加工时间与机床负载)静态调度的例子,在考虑加工时间与机床负载的情况下,其最优调度 Gantt 图见图 8-12 ～

图 8-14,其各权重分配和最优动态调度结果见表 8-8。

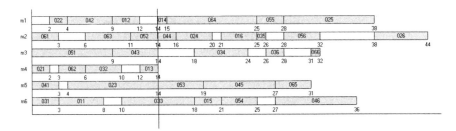

图 8-12　机床 4 发生故障后的再调度 Gantt 图

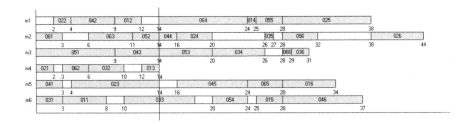

图 8-13　机床 4 发生故障后的再调度 Gantt 图

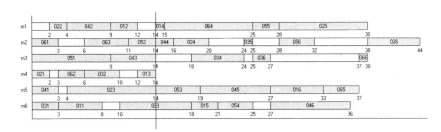

图 8-14　机床 4 发生故障后的再调度 Gantt 图

表 8-8　三种不同权重系数下的最优调度参数表

解	甘特图	时间权系数	机床负载权系数	平均生产周期	平均负载
1	图 8-12	1.0	0	32.83	30.2
2	图 8-13	0.8	0.2	34.5	31
3	图 8-14	0.3	0.7	35	31.6

8.6 双资源双目标车间调度

调度的本质是为了达到某种生产指标的最优而合理地分配生产资源。随着对车间作业调度问题的深入研究,学者们逐渐意识到生产车间的有效调度管理,不仅与直接加工零件的机床设备有关联,而且与其他生产资源,如人力资源和辅助生产资源等也是紧密相关的。辅助生产资源不仅包括生产加工过程所需的刀具、夹具等加工附件,而且还包括支持生产系统正常运转的车间运输附件,如叉车、吊车、自动物料运输小车、货盘和搬运机器人等。

双资源车间调度(Dual Resource Constrained)是同时有两种资源制约着车间的生产能力。机床设备往往是制约资源之一,车间有时会缺乏有经验或一技之长的工人,也可能某种类型的刀具数量有限,因此这两种资源可以是机床设备和工人或刀具。这种情况表现形式之一,就是工人数量少于机床设备的数量。车间中也常常会发生一些辅助资源有限的情况,如一个车间只有一辆或两辆自动物料运送车(Automated Guided Vehicle,AGV),然而需要同时传送的零件数量很可能较多,在这种情况下,自动物料运送车也会成为制约车间提高生产能力的一个重要因素。同理,奇缺的刀具、夹具以及运送零件的叉车、吊车和货盘等都可能成为第二种制约资源。

双资源调度模型中如果考虑工人的参与,车间生产系统表现性能就受到工人的工作效率以及机床设备和工人的分配效果的影响。因此,对于工人的合理调度也就成为一项重要的任务。工人调度的原始目标是针对所需要加工的零件,在合理的时间内使用合理的工人数量。它不仅对于有效的控制人工成本是至关重要的,而且通过预测的和稳定的工作调度任务,保持工人良好的工作状态,以及减少在特定时间内雇用的补缺工人数量都是有效的。

在双资源受制约的车间中,除了机床设备的分派规则的决策之外,车间控制决策还包括工人与机床设备的比率和工人的任务分派。工人与机床设备的比率决定了每一个机床设备可分配的工人数;而工人的任务分派是将每一名工人分派到各个机床设备。在双资源受制约车间中,车间中的机床设备数量应多于工人的人数,而且工人可以在需要的时候,从一台机床设备转移到另一台机床设备上去加工零件。

8.6.1　双资源调度模型

在 8.2 节所提出的模型约束条件中,还必须补充对工人的约束条件,这些约束条件如下所述。

零件 i 的第 j 条工艺加工路线和零件 p 的第 q 条工艺加工路线中都有工序由工人 w 来加工

$$T_{ijhw} - T_{pqsw} + HY_{ijhpqsw} + H(1 - X_{ij}) + H(1 - X_{pq}) \geqslant t_{ijhw} \quad (8.10)$$

$$T_{pqsw} - T_{ijhw} + H(1 - Y_{ijhpqsw}) + H(1 - X_{ij}) + H(1 - X_{pq}) \geqslant t_{pqsw}$$
$$(8.11)$$

式中,t_{ijhw}、T_{ijhw} 分别为零件 i 的第 j 条工艺加工路线中的第 h 道工序由工人 w 加工的时间和加工完毕的时刻;$Y_{ijhpqsw}$ 为工人 w 加工工序 h 和 s 的顺序判别条件,当工序 h 和 s 都由工人 w 加工时,如果零件 i 的第 j 条工艺加工路线中的第 h 道工序先于零件 p 的第 q 条工艺加工路线中的第 s 道工序被加工,则 $Y_{ijhpqsw} = 1$,否则 $Y_{ijhpqsw} = 0$。式(8.10)和式(8.11)这两个约束条件确保两道不同的工序不能同时被一名工人加工,而且任何一名工人在任何时候都不能加工一道以上的工序。

8.6.2　静态调度

工艺路线可变的双资源双目标车间作业调度问题可以描述为:假定一个加工系统有 m 台机器、n 个工件和 k 工人,每个工件包含一道或多道工序,工件的工序顺序是预先确定的,但每个工件可能有几条可行的加工路线,即每道工序可以在多台不同的机床上加工,工序加工时间和加工费用随机床的性能不同而变化。工人的数量少于机床的数量,每一个工人可以控制多个机床,工人的加工费用随其对机床的熟练程度而变化,每个工序在加工过程中发生的存储费用与存储时间成正比,工件的加工不仅受到机床资源和工人资源的限制,而且受到加工费用、工人的劳动费用和存储费用的影响。作业调度的任务是确定机床上工序的加工顺序,即确定每个工件在各个设备的加工开始时间,在满足约束条件的同时,使得加工成本(即加工费用、工人的劳动费用和存储费用之和)与加工时间的综合目标取得最优值。

可以按式(8.12)～式(8.14)分别求出工序的最早开工时间 $T_{MSW_{ijkm}}$、最早完工时间 $T_{MEW_{ijkm}}$、开工时的最低成本 $F_{MSW_{ijkm}}$ 和完工后在最低成本 $F_{MEW_{ijkm}}$。

$$T_{MSW_{ijkm}} = \max(T_{R_i}, T_{M_i}, T_{W_m})$$
$$T_{MEW_{ijkm}} = T_{MSW_{ijkm}} + T_{MO_{ijk}} \quad (8.12)$$

$$F_{MSW_{ijkm}} = (T_{MSW_{ijkm}} - T_{R_i}) \times F_{S_{ij}} + F_{E_{i(j-1)}} \tag{8.13}$$

$$F_{MEW_{ijkm}} = F_{MSW_{ijkm}} + F_{MO_{ijk}} + F_{W_{km}} \times T_{MO_{ijk}} \tag{8.14}$$

式中,T_{W_m} 为第 i 个工人的空闲时刻;T_{M_i} 为第 i 个机床的空闲时刻;T_{R_i} 为第 i 个工件准备好加工的时刻;$F_{MO_{ijk}}$、$T_{MO_{ijk}}$ 为第 i 个工件的第 j 个工序在第 k 个机床上的加工费用、时间;$F_{S_{ij}}$ 为工件 i 的第 $j-1$ 个工序与第 j 个工序之间的单位时间存储费用;$F_{W_{km}}$ 为服务于第 k 个机床的第 m 个工人的单位时间内的劳动费用。

8.6.3　调度结果与分析

从表 8-9 中可以看出,一名工人可以操纵 $3 \sim 4$ 台不同的机床设备,由于工人对机床的熟练程度不同,加工费用也不尽相同。

表 8-9　工人在不同机床上单位时间的工作费用

M \ W	M_1	M_2	M_3	M_4	M_5	M_6
W_1	2	2	—	—	4	1
W_2	3	4	2	3	—	—
W_3	—	3	1	5	—	2
W_4	—	—	—	2	3	2

这里所研究的生产系统由 m 台机床 $(1,2,\cdots,m)$ 和 n 个不同的零件 $(1,2,\cdots n)$ 构成。所有的零件按照预先工艺加工顺序可以连续被加工。每一个零件 i 的加工,由一组工序 J_i 组成。每一道工序可以在可供选择的机床上被加工,同一类型的机床的性能是相同的,在调度之前每一个零件有多条工艺加工路径,目的是寻找综合指标最佳的调度结果。

遗传算法的参数设置:种群个数是 50,交叉率是 0.8,变异率是 0.01。

图 8-15(a) 显示了工序和机床的分配关系。图中横坐标表明了这批零件加工的时间历程,纵坐标表明了机床设备,不同的工件及工序用四个字符在 Gantt 图上来表示,前两位表示工件号,第三位表示工序号,第四位表示工人。例如第一台机床上的"0531"表示第五个工件的第三道工序由第一个工人加工;第二台机床上"0161"表示第一个工件的第六道工序由第一个工人加工。通过横坐标的时间关系,可以很容易从图中区分每个工件的每一道工序,同时也可以从图中查出任何一道工序的加工起始时间和加工结束时间。

图 8-15(b) 显示了工件、操作工人和机床的对应关系,图中横坐标表明了这批工件加工的时间历程,纵坐标表明了操作工人,用四个字符标识的方框代表一道工序。前两位表示工件号,第三位表示工序号,第四位表示机床号。例如,工人 3,第一个工作是"0316"表示他首先在第六台机床上加工工件 3 的第一道工序,所用工时可以从横坐标得出。从横坐标上可以查出加工该工序的起始时间和加工完毕后的时间,同理可以得到各工件最终加工完毕的时间。从这张图中,也可以很容易统计出各个工人的工作量。比如,工人 1 的工作量是 34(3＋3＋5＋3＋2＋2＋8＋1＋3＋4),工人 2、3 和 4 的工作量分别是 34、34 和 30。

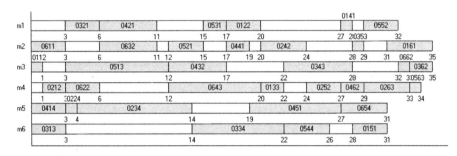

(a)

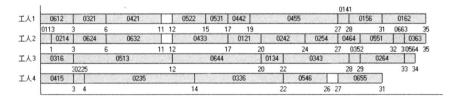

(b)

图 8-15　双资源双目标工人调度 Gantt 图

1. 生产周期‒生产费用双目标调度

对于一个实际的生产车间而言,车间的高层管理人员要增加生产过程的柔性,在衡量车间的性能表现时,需要依靠一定的价值定位标准。在这里研究的受双资源制约的双目标生产车间调度模型中,从图 8-16～图 8-18 中可以看出,当权重发生变化时,考虑生产周期和生产费用时调度结果的改变,在生产周期变长时费用在降低。

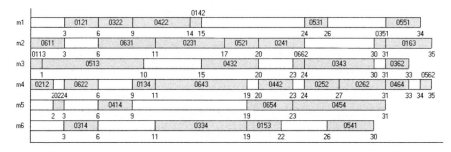

（a）

（b）

图 8-16　双资源双目标工人调度 Gantt 图

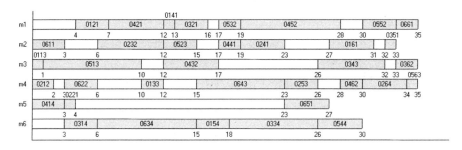

（a）

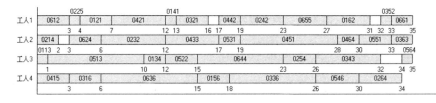

（b）

图 8-17　双资源双目标工人调度 Gantt 图

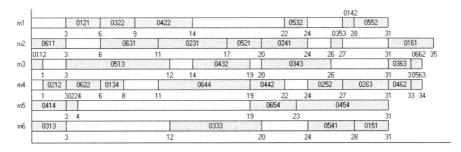

（a）

（b）

图 8-18　双资源双目标调度机床 Gantt 图

表 8-10　三种不同权重系数下的最优调度参数表

解	甘特图	时间权系数	生产成本权系数	平均生产周期	平均费用
1	图 8-16	1.0	0	31.8	152.3
2	图 8-17	0.8	0.2	33.2	151.3
3	图 8-18	0.3	0.7	33.3	138

2. 生产周期 - 机床负载双目标调度

从图 8-19 ～ 图 8-21 中可以看出，当权重发生变化时，考虑生产周期和生产费用时调度结果的改变，在生产周期变长时机床负载也在增加。

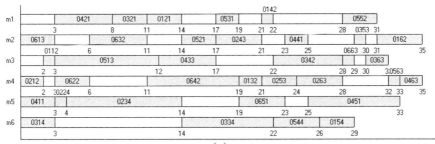

（a）

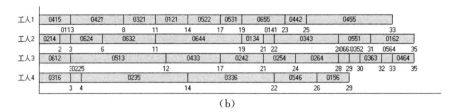

（b）

图 8-19　双资源双目标调度机床 Gantt 图

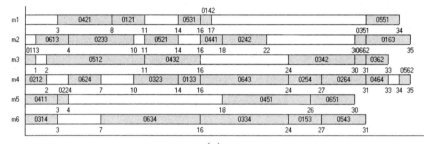

（a）

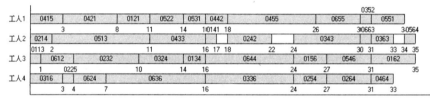

（b）

图 8-20　双资源双目标工人调度 Gantt 图

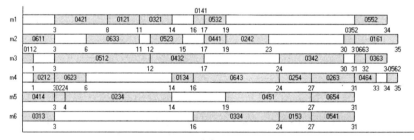

（a）

（b）

图 8-21　双资源双目标调度机床 Gantt 图

表 8-11　三种不同权重系数下的最优调度参数表

解	甘特图	时间权重系数	机床负载权重系数	平均生产周期	平均负载
1	图 8-19	1.0	0	32	21.7
2	图 8-20	0.8	0.2	33	22.2
3	图 8-21	0.3	0.7	33.3	22.6

第9章 多目标车间优化调度

第8章研究了受机床数量制约或受机床数量和工人制约的双目标的静、动态调度问题,事实上,车间调度问题的复杂性更加体现在它的多目标性,如提高劳动生产率、降低生产成本、提高机器设备利用率、满足客户要求等。本章研究了以机床设备、加工工人为限制资源,以生产周期、生产费用和机床负载为调度目标的具有多条可选工艺路线的车间作业调度问题。

9.1 多目标决策理论简介

多目标决策理论和应用是20世纪70年代后期才得到蓬勃发展的。其基本问题是研究如何在有多个相互冲突的决策准则(因素、目标、目的)下进行科学和有效的决策。这些众多的,通常是没有共同量纲的准则包含着技术经济、社会活动、环境生态以至人类生存等各方面内容,决策者在决策过程中不得不做出各种妥协,以寻求在这些具有冲突性的目标之间实现平衡。多目标理论摈弃了最优解的概念,提出了有效解、非劣解、满意解等更能反映复杂现实情况的解的概念,重视决策者和分析者之间的对话,通过对话,决策者可以不断增加对决策环境的了解,从而不断修正其原来的理想方案,最终找出自己最满意的方案。多目标决策理论强调决策者在决策过程中的地位,即加强了决策者的主观意识对决策的影响,因而采用这种方法求出的决策方案更容易被决策者接受。

9.2 权重的产生

人们对事物的认识往往是从两个因素之间的比较开始的。根据生产车间的具体情况,决策者可以确定目标之间的相对重要性。根据人的认识能力,目标比较的尺度可分为 5 个等级,即同样、比较重要、重要、很重要、极重要,为了方便,一般采用这样的尺度,规定用 1、3、5、7、9 来表示 i 元素与 j 元素之间的相对重要性。我们采用建立判断矩阵进行相对重要性计算。

判断矩阵 A 中元素 a_{ij} 表示 i 元素与 j 元素相对重要性之比,且有下述关系(即为反对称阵)

$$a_{ij} = \frac{1}{a_{ij}}, a_{ij} = 1 \quad i,j = 1,2,\cdots,n$$

显然比值越大,则 i 的重要性就越高。

在选定的车间调度目标函数中,C_1 为生产周期,C_2 为机床利用率,C_3 为生产费用。假定以生产周期为比较基准,对这三个目标两两比较的结果如表 9-1 所示。

表 9-1　　重要性比较矩阵

重要性	C_1	C_2	C_3
C_1	1	5	3
C_2	1/5	1	1/3
C_3	1/3	3	1

上述矩阵表明:对车间优化调度而言,生产周期比机床利用率($a_{ij} = 5$)重要、比生产费用较重要($a_{ij} = 3$),而生产费用比机床利用率较重要($a_{ij} = 3$),其他可以类推。接着可以采用求根法来计算特征值的近似值。

(1)将矩阵按行求:$v_i = \sqrt[n]{\prod\limits_j a_{ij}}$

(2)归一化:$w_i = \dfrac{v_i}{\sum v_i} \quad i = 1,2,\cdots,n$

$$A = \begin{bmatrix} 1 & 5 & 3 \\ 1/5 & 1 & 1/3 \\ 1/3 & 3 & 1 \end{bmatrix} \quad 求根法: V = \begin{bmatrix} 2.466 \\ 0.405 \\ 1 \end{bmatrix} \quad W = \begin{bmatrix} 0.637 \\ 0.105 \\ 0.258 \end{bmatrix}$$

即生产周期权重 w_1 为 0.637,机床负载 w_2 为 0.105,生产费用权重 w_3 为 0.258。

9.3 单资源多目标车间调度

9.3.1 静态调度结果

在这里我们仍对 4 个工件、6 个机床的一个作业排序问题进行研究,每个工件有 3 道工序,而且每道工序至少可在两台以上机床加工,主要加工费用和存储费用的数据如表 9-2 和表 9-3 所示。求解多目标函数的计算过程同求解双目标的相同,对于量纲不同的指标要进行标准化处理,然后与各自权重相乘求得综合指标值。图 9-1 为生产周期权重 w_1 为 0.637,机床负载 w_2 为 0.105,生产费用权重 w_3 为 0.258 时综合指标为最优的调度结果。

表 9-2 工序的加工时间、加工费用

J	O	M_1	M_2	M_3	M_4	M_5	M_6
	1 – 1	2/8	3/6	4/4			
J_1	1 – 2		3/6		2/8	4/4	
	1 – 3	1/8	4/6		5/5		
	2 – 1	3/8		5/4		2/10	
J_2	2 – 2	4/8	3/10			6/8	
	2 – 3			4/14		7/8	11/4
	3 – 1	5/8	6/6				
J_3	3 – 2		4/6		3/10	5/4	
	3 – 3			13/9		9/16	12/12
	4 – 1	9/12		7/16	9/12		
J_4	4 – 2		6/6		4/10		5/8
	4 – 3	1/8		3/6			3/6

表 9-3　　工序完工后工件的单位时间存储费用

S J	S_1	S_2	S_3
J_1	2	1	3
J_2	2	1	2
J_3	1	2	3
J_4	1	3	2

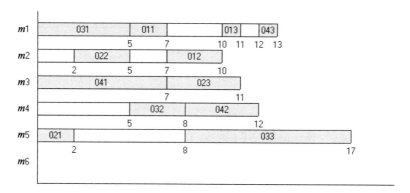

图 9-1　　单资源多目标静态调度图

9.3.2　动态调度结果

若机床 3 在 $t=7$ 时发生大故障,此时,机床 4 必须完成当前工件 3 的第 2 道工序的加工,在 $t=8$ 时才可以参与调度。其他机床可以马上参与到新的调度中去,则故障后的调度结果如图 9-3,这是新方案(图 9-2)与旧方案(图 9-1)组合后得到的机床 4 发生故障后的动态调度 Gantt 图。

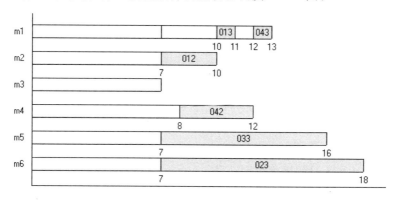

图 9-2　　机床 3 发生故障后的调度 Gantt 图

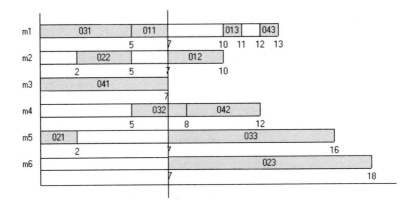

图 9-3　机床 3 发生故障后的再调度 Gantt 图

9.4　双资源多目标车间调度

9.4.1　静态调度结果

从表 9-4 中可以看出,每名工人可以操纵两台不同的机床设备,同一个机床可由两名工人来操作,而同一个工人又可操纵两台不同的机床,工人对机床加工费用也不相同。

表 9-4　工人在不同机床上单位时间的工作费用

W ＼ M	M_1	M_2	M_3	M_4	M_5	M_6
W_1	2	2	—	—	—	—
W_2	—	4	2	—	—	—
W_3	—	—	—	5	2	—
W_4	—	—	—	—	3	2

图 9-4 为生产周期权重 w_1 为 0.637,机床负载 w_2 为 0.105,生产费用权重 w_3 为 0.258 时的最优调度结果。

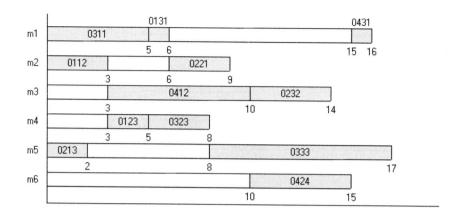

（a）

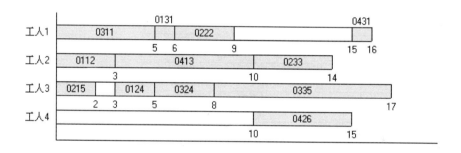

（b）

图 9-4 单资源多目标机床静态调度图

9.4.2 动态调度结果

若机床 2 在 $t = 3$ 时发生大故障，此时，机床 1 必须完成当前工件 3 的第 1 道工序的加工，在 $t = 5$ 时才可以参与调度。同时这道工序是由工人 1 来完成的，所以工人也必须在 $t = 5$ 时才可以参与调度。其他机床和工人可以马上参与到新的调度中去，图 9-5 为机床 2 发生大故障后的调度图，而整体的最优调度结果如图 9-6 所示。

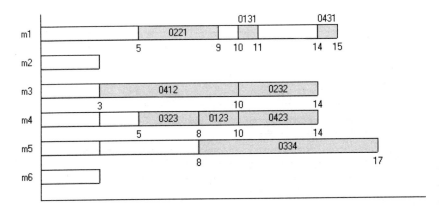

（a）机床调度 Gantt 图

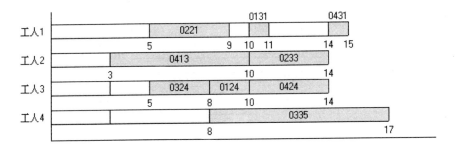

（b）工人调度 Gantt 图

图 9-5　机床 2 发生故障后的调度 Gantt 图

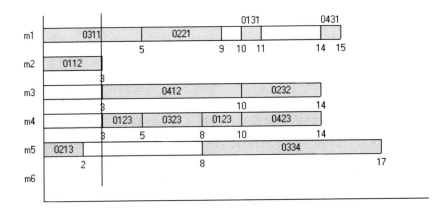

（a）机床再调度 Gantt 图

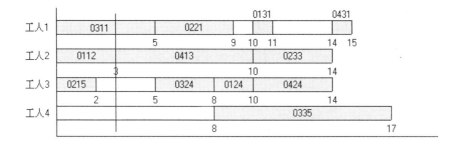

（b）工人再调度 Gantt 图

图 9-6　机床 2 发生故障后的再调度 Gantt 图

9.5　多资源车间调度

多资源车间调度是指同时有两种以上的生产所需资源制约着车间的生产能力，这些资源包括员工、机床设备、机器人、物料运送系统和辅助资源，如货盘、夹具和刀具等。

这里采用以下算例，表 9-5、表 9-6 和表 9-7 分别为零件加工信息表、工人与机床设备工作表和 AGV 小车工作表。建立零件 1 的 PN 模型如图 9-7 所示，其中各符号的意义：p_i 表示第 i 个工件的初始状态；p_i^m 表示第 i 台机器；p_i^r 表示第 i 台 AGV 小车；p_i^w 表示第 i 个工人；$p_{i,j,h,n,k}$ 表示第 i 个工件的第 j 个操作由第 h 个工人和第 n 个 AGV 小车在第 k 台机器上进行；$t_{i,j,h,n,k}^s$ 表示 $p_{i,j,h,n,k}$ 操作开始；$t_{i,j,h,n,k}^e$ 表示操作 $p_{i,j,h,n,k}$ 结束；$p_{i,j}^b$ 表示工件 i 的第 j 个操作结束后的缓冲区；p_1^f 表示第 1 个工件加工完成。按照此方法可以依次建立其余工件的 PN 模型，最后将这些模型通过表示机器的资源库所联结起来，便得到系统的整个模型，由于图形巨大，在此予以省略。

表 9-5　零件的加工信息

J	O	M_1	M_2	M_3	M_4	M_5	M_6	J	O	M_1	M_2	M_3	M_4	M_5	M_6
J_1	1-1			12				J_4	4-1		5				
	1-2	3	7						4-2	5				8	
	1-3				2	4	6		4-3	7		5			
	1-4	10			7				4-4		2		3		
	1-5			9			3		4-5	9				8	
	1-6		4			6			4-6		8		2		9

续表

J	O	M_1	M_2	M_3	M_4	M_5	M_6
J_2	2-1		8		2		
	2-2			5		1	
	2-3			6		10	
	2-4			4			10
	2-5	10			3		
	2-6			6		4	
J_3	3-1			5			3
	3-2	3	5		4		
	3-3				7		8
	3-4	9		6			
	3-5		1			4	
	3-6	10		2		7	
J_5	5-1			9		10	
	5-2		3		7		
	5-3	2		6		5	
	5-4		8				4
	5-5	3			7		
	5-6		4		1		
J_6	6-1		3		6		
	6-2	9			3		
	6-3		5				9
	6-4	10			8		
	6-5		7			4	
	6-6	2		1	6		

表 9-6　工人与机床设备工作表

工人 ＼ 机床	机床 1	机床 2	机床 3	机床 4	机床 5	机床 6
1	操作	操作	—	—	—	—
2	—	操作	操作	—	—	—
3	—	—	—	操作	操作	—
4	—	—	—	—	操作	操作

表 9-7　AGV 小车工作表

AGV 小车 ＼ 机床	机床 1	机床 2	机床 3	机床 4	机床 5	机床 6
1	服务	服务	—	—	—	—
2	—	—	服务	服务	—	—
3	—	—	—	—	服务	服务

　　多资源车间调度所采用的算法和基本思想与单资源和双资源类似，在这里我们不再详细讨论。

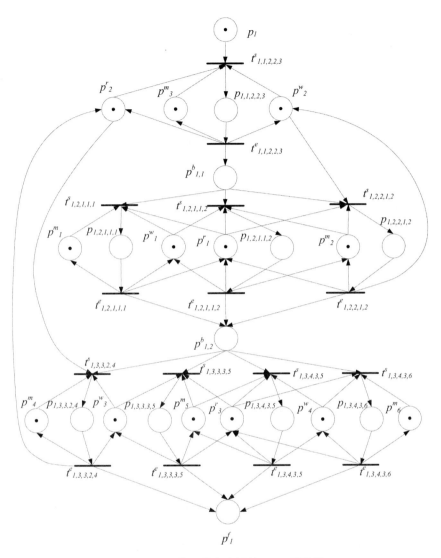

图 9-7　零件 1 的多资源的 Petri 网模型

第 10 章　　车间调度软件的设计与实现

　　根据之前各个章节所描述的调度算法,设计并较好地实现了车间智能调度系统软件。该软件是一个基于零件加工信息和车间状态信息的数据库管理系统。由于 SQL Server 数据库管理系统与 Windows 操作系统结合紧密、性能稳定、价格低,而 Borland/Inprise 公司的 Delphi 具有强大的数据库技术支持能力,所以本调度软件采用 SQL Server 为后台数据库管理系统,采用 Delphi 进行用户界面和企业逻辑开发。同时本软件采用了分布式数据库系统模式,运用 COM 技术,所以具备较好的移植性和开放性。

　　Delphi 被称为第四代编程语言,它具有简单、高效、功能强大的特点。和 VC 相比,Delphi 更简单、更易于掌握,而在功能上却丝毫不逊色;和 VB 相比,Delphi 则功能更强大、更实用。可以说 Delphi 同时兼备了 VC 功能强大和 VB 简单易学的特点,而且 Delphi 是完全面向对象的开发语言。Delphi 具有以下的特性:基于窗体和面向对象的方法,高速的编译器,强大的数据库支持,与 Windows 编程紧密结合,强大而成熟的组件技术。但最重要的还是 Object Pascal 语言,它才是实现一切的根本。

10.1　　系统结构设计

　　考虑到生产调度算法的复杂性和算法种类的多样性,以及生产调度过程中的多变性、系统将来的可扩展性,本系统的设计中采用"面向对象"的设计方法,将实际调度过程中各个独立个体对象抽象成一个个相对独立并且具有一定功能的类对象,并按实际需要,在调度计算过程中将各个类对象的实例关联起来,完成一个实际的计算工作。采用面向对象方法的最大优点就是在于系统具有很好的可扩展性和系统简单调整后就能立刻适应灵活多变的业务需求。

1.客户端

客户端程序非常简单,主要用来显示零件加工信息、车间加工系统状态、调度的详细信息、调度甘特图；负责与用户的交互和与应用程序服务器的交互。

2. 通信协议

用于连接客户端程序和应用程序服务器的通信协议有 DCOM 协议、TCP/IP 协议、RPCS 协议。由于 TCP/IP 协议可以提供一种与服务器最普通、最低级别的连接方式，同时这种方式适用面最广泛，所以本管理系统采用这种通信方式。

3. 应用程序服务器

应用程序服务器是整个调度软件的核心，它有两个主要功能，一是接受客户机的请求，然后根据应用逻辑将这个请求转化为数据库请求后与数据库服务器交互，并将与数据库服务器交互的结果传送给客户机；二是根据用户的要求完成相应的调度。由于 COM（Component Object Model，组件对象模型）组件可以实现跨越多个进程、机器、硬件和操作系统进行互操作，故调度模块采用 COM 技术开发。车间调度软件开发了三个调度组件，即生产周期 - 机床负载组件、生产周期 - 生产成本调度组件、多目标调度组件。

由于 MTS 提供了基于角色的安全机制，具有缓冲池功能、强大的事务处理能力、跨服务器处理事务能力，并且能够根据需要自动激活或关闭，最大程度地节省资源，故应用程序服务器采用了 MTS（Microsoft Transaction Server）服务接口。

4. 数据库服务器

数据库服务器根据应用服务器发送的请求进行数据操作，并将结果传送给应用程序服务器。在数据库服务器上，采用数据库管理系统来建立、使用和维护数据库。关系型数据库是目前各类数据库管理系统中最重要、最流行的数据库。20 世纪 80 年代以来，计算机厂商新推出的数据库管理系统产品几乎都是关系型数据库。在关系型数据库管理系统中，数据被组织成表，而表又由记录组成，记录由字段（域）组成。每个字段对应一个数据项。如果表有一个或多个共同的字段，则两个以上的表可能联结在一起。

10.2 系统特点及其主要技术要点

系统的主要特点如下。

1）完全可视化的操作界面，引用了可编辑的电子表格组件来模拟数据模型中的各类矩阵，让使用者既操作方便，也容易理解。

2）将调度算法理论中的 J、M 矩阵所描述的数学模型与车间实际调度情况相结合，系统采用"向导"式的输入界面，使整个计算过程中前期数据的录入变得方便和实用。

3）整个系统采用面向对象的设计方法，将实际中的个体对象用计算机语言完全描绘出来，将整个复杂计算系统分解成具有相对独立功能的简单个体，使得本来很杂乱、很复杂的系统变得简单化和结构清晰化。因为数学模型的每一个对象都用一个类来实现，而这些类又有机地组合起来并形成了整个系统。这种结构可扩展性很强，也易维护。

4）系统采用了 XML（eXtensible Markup Language，可扩展性标记语言）作为数据存储格式，XML 是关于数据的语言，是可扩展的。XML 是一种以简单文本格式存储数据的方式，这意味着它可以被计算机读取，是一种元语言。元语言允许您定义文档标记语言及其结构，XML 便于阅读（且容易理解，即使是初学者亦如此），是在 Internet 上传输数据极好的语言。

5）在本系统的实现过程中，大量使用 XML 语言来描述数据，包括类的串行化、类对象之间信息传输、计算结果的存储、中间计算结果的临时存储等。采用 XML 来存储信息，还可以作为本系统与其他信息系统之间传输数据的接口。例如和车间的 ERP 信息系统结合等，也可以作为和其他做类似课题研究的人员进行信息交流的媒介等，与他们所开发的信息系统直接进行信息交换。

6）本系统在完成本文中所描述的调度算法外还为以后信息系统的扩展和延伸预留了接口，采用插件的方式对外开放。

7）在实现调度算法的过程中，应用到大量数据结构的基本方法来处理计算过程，极大地提高了计算速度，还有本系统采用了"类对象的串行化"，可以将一些计算中间结果以 XML 语言存储于文件中，在进行下一个调度计算时，可将存储于文件中的"类对象并行化"，快速加载于内存中，采用这种方式使得计算速度加快，节省了计算时间，并且这种理论可在将来得到衍生,使得调度计算可以按分步方式来进行。如果在计算过程中机器突然出现故障,那么在计算机重启后,就不用从头开始计算,系统可以自动接着上次的计算结果来继续计算,这一点在那些计算需要很长时间的信息系统中是很重要的功能。

8) 本系统有关计算结果的 Gantt 图输出模块是一个独立的模块功能,在使用时可直接读取 XML 文件计算结果,并且为用户提供了全面的可定制参数,本图形输出模块也可以直接提供图形的保存、图形的大小缩放等功能,为使用者提供了灵活性和方便性。

10.3　车间调度软件的使用方法

本调度软件的主要功能由四大部分组成(图 10-1),第一部分是调度基础数据的输入、浏览、修改和删除;第二部分是调度类型的选择和调度的计算;第三部分是调度结果的再处理、信息整合、微调整;第四部分是调度结果的显示输出。如图 10-2 所示,在主界面中,这四部分功能分别是在主菜单"数据输入""零件信息数据库""调度结果""绘图"中。

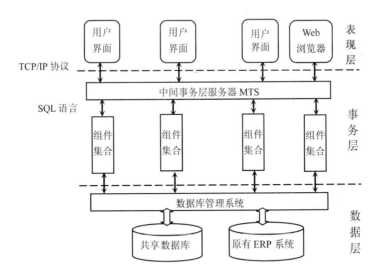

图 10-1　基于 COM 的三层生产计划与调度系统模型

图 10-2　主界面

10.3.1　调度数据输入、浏览、修改和删除

单击主菜单中的"数据输入",会出现下拉菜单"建立新任务",单击"建立新任务"后弹出如图 10-3 所示的对话框。本模块采用了操作向导的方式来设计,在这一界面可完成对调度任务的命名、工件名称及其工序数量、设备名称的录入。

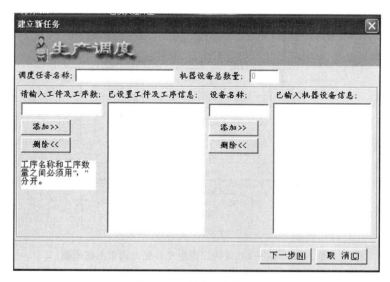

图 10-3　创建任务界面

对已经建立的任务,可根据需要随时进行修改、删除,单击"调度结果"

菜单下的"调度任务设定和编辑"就可以进行数据编辑处理。具体操作界面如图 10-4 和图 10-5 所示,左边树状列表中所显示的就是所有的调度任务信息,有以前的也有新建立的。如果需要对某任务进行编辑处理,只要用鼠标单击此任务,在右边的数据区就会列出相应的数据信息,可供操作者随意进行修改处理。在"双目标"和"多目的"界面,可以完成目标权重值的输入,在"费用"界面,可以输入加工费用、存储费用和工人费用。

图 10-4　调度任务设定和编辑对话框(一)

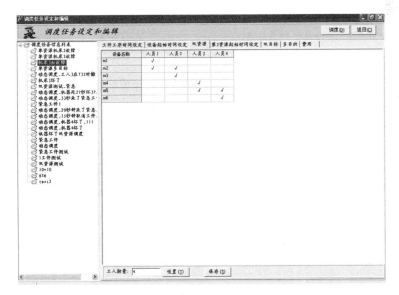

图 10-5　调度任务设定和编辑对话框(二)

10.3.2 调度任务的参数设置

在调度任务管理操作界面的右上角有一个"调度"命令按钮,单击此按钮即可启动"系统参数"设置界面,如图 10-6 所示。正如图中参数说明,操作者可根据自己的要求对相应的参数进行设置,如调度结果要存储的文件名称,是否要启用第二资源信息(人员信息)等。在确认各项参数后,单击"确定"按钮后就可以开始调度计算,在计算结果完成后系统会自动弹出完成的提示框,系统会自动将结果存储于相应的文件中。

有关在加工过程中设备突然出现故障的情况下的调度处理过程和普通调度任务的处理基本一样,不同的是有关设备启用时间和工人的起用时间需要重新设定,并且需要将已经加工完成的工件的加工时间设置为零,具体不在这里详细描述了。

图 10-6 调度任务"系统参数"设置界面

10.3.3 调度结果的输出

本系统专门提供一个模块用来完成对计算结果的输出,本模块是一个比较通用的模块,它的输入信息是一个存储计算结果的 XML 文件,输出是 Gannt 图的 BMP 格式的文件,如图 10-7 所示。在这里操作者可以设置图形的比例、绘制方式等,也可以将结果存储成 BMP 格式的文件。

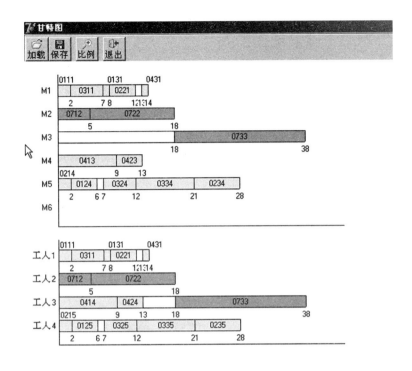

图 10-7　调度结果的输出

10.4　Flexsim 上的仿真与比较

10.4.1　软件介绍

Flexsim 是一种在图形建模环境中集成了 C＋＋IDE 和编译器的仿真软件,它应用于建模、仿真以及实现业务流程的可视化。在 Flexsim 中可以用 C＋＋语言创建和修改对象,同时,利用 C＋＋语言可以控制对象的行为活动。

Flexsim 可以用试验的形式来仿真假定的情节,它可以自动运行并把结果储存在报告、图表中。利用预定义和自定义的行为指示器,用生产量、研制周期、费用等来分析每一个情节,还可将结果导入别的应用程序像 Microsoft Word 和 Excel 等,利用 ODBC(开放式数据库连接)和 DDEC(动态数据交换连接)可以直接输入仿真数据。

10.4.2　仿真结果

首先为各实体建立连接,如图 10-8 所示。在设置好各个仿真对象的参数和特性后,还要根据工件加工信息表在"Global Modeling Tools"里建立相应表,如图 10-9 ～ 图 10-11 所示。然后对程序进行编译后就可以运行了,仿真步长时间可以在此过程中即时调整。

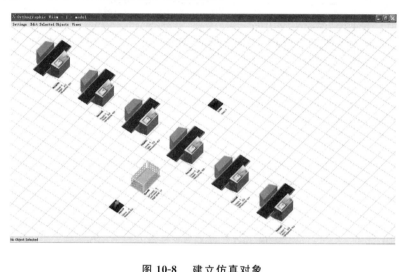

图 10-8　建立仿真对象

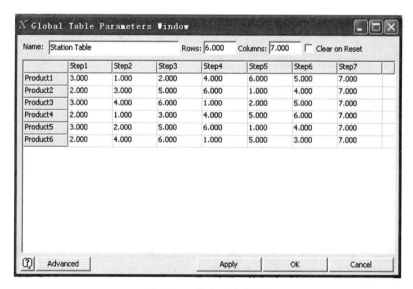

图 10-9　建立工件位置表

事实上，在 Flexsim 中也有一调度优化模块，若按表 8-3 所示加工信息进行调度优化，它的最终优化结果为 60，可见这并非是最优调度，本文所采用的算法其最优值为 55，显然此算法有优越性。但作为动态的实时数据采集，Flexsim 又是对本文介绍的编程软件的最佳补充，也是此编程软件的发展方向。三维立体动画效果给人以逼真、形象的感觉，并且也是进行动态数据交换的最佳选择。

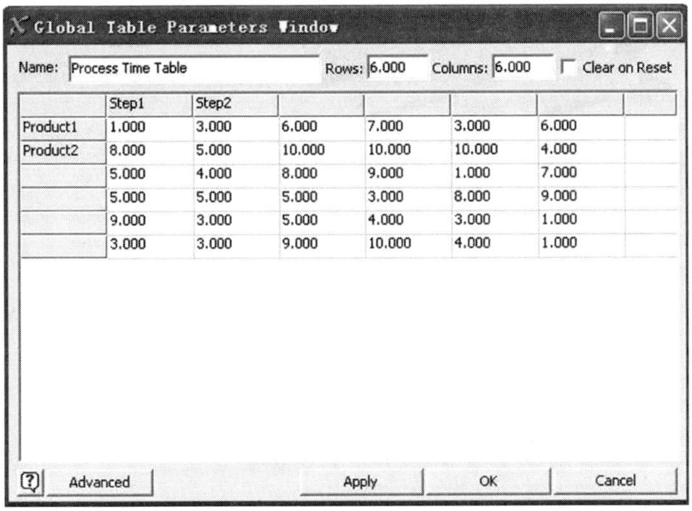

	Step1	Step2				
Product1	1.000	3.000	6.000	7.000	3.000	6.000
Product2	8.000	5.000	10.000	10.000	10.000	4.000
	5.000	4.000	8.000	9.000	1.000	7.000
	5.000	5.000	5.000	3.000	8.000	9.000
	9.000	3.000	5.000	4.000	3.000	1.000
	3.000	3.000	9.000	10.000	4.000	1.000

图 10-10　建立加工时间表

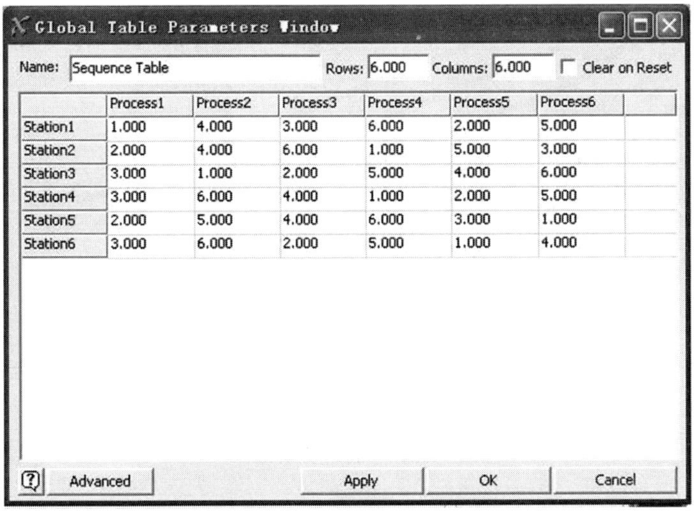

	Process1	Process2	Process3	Process4	Process5	Process6
Station1	1.000	4.000	3.000	6.000	2.000	5.000
Station2	2.000	4.000	6.000	1.000	5.000	3.000
Station3	3.000	1.000	2.000	5.000	4.000	6.000
Station4	3.000	6.000	4.000	1.000	2.000	5.000
Station5	2.000	5.000	4.000	6.000	3.000	1.000
Station6	3.000	6.000	2.000	5.000	1.000	4.000

图 10-11　建立加工顺序表

图 10-12 所示为实时仿真状态，在每个机床旁都有一个动态的数据显示，表明此刻该机床的状态，如工作还是闲置；图 10-13 所示为最终的仿真结果，不同颜色的工件会令人很容易地发现它的工作位置，立体 Gannt 图的显示结果与本编程软件的算法结果相符。

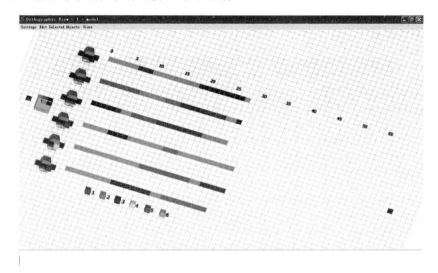

图 10-12　实时仿真

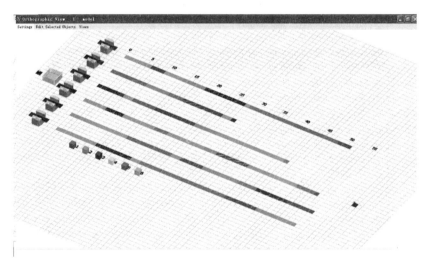

图 10-13　最终仿真结果

参 考 文 献

[1]纪树新,钱积新,孙优贤.车间作业调度遗传算法中的交叉算子研究[J].控制与决策,1998,13(2):189—192.

[2]邢文训.Job-shop 排序问题的模拟退火算法[C].中国运筹学会第二届全国排序会议论文集,1993:5—9.

[3]吴澄.现代集成制造系统导论——概念、方法、技术和应用[M].北京:清华大学出版社,2002,6.

[4]张群.生产与运作管理[M].北京:机械工业出版社,2004,5.

[5]陈禹六,李清,等.经营过程重构(BPR)与系统集成[M].北京:清华大学出版社,2001,6.

[6]林慧平,范玉顺,吴澄.基于分层调度模型的生产计划和调度模型研究[J].计算机集成调度系统——CIMS,2002,8(8):602—606.

[7]周万坤,朱剑英.基于工作流技术的集成化生产计划与调度模型[J].东南大学学报(自然科学版),2003,33(2):197—200.

[8]罗海滨,范玉顺.工作流技术综述[J].软件学报,2000,11(7):899—907.

[9]王凌.最优化算法及其应用[M].北京:清华大学出版社,2001.

[10]尹新,杨自厚.禁忌搜索方法解最小化拖期任务数的并行多机调度问题[J].控制与决策,1995,10(6):498—502.

[11]会童刚,李光泉,刘宝坤.一种用于 Job-Shop 调度问题的改进禁忌搜索算法[J].系统工程理论与实践,2001,9(9):48—52.

[12]衣杨,汪定伟.并行多机成组工件调度的禁忌搜索方法[J].系统工程.2000,18(6):11—17.

[13]胡斌,黎志成.面向 JIT 的生产作业计划禁忌搜索算法[J].华中理工大学学报.1999,2(11):28—30.

[14]Muhlenbein H. Parallel Genetic Algorithms in Combinatorial Optimization[M]. Computer Science and Operations Research(Edited by Osman Balci),Pergamon Press,Oxford,1995.

[15]GIover F,Kelly J,Laguna M. Genetic Algorithms and Tabu Search:Hybrids for Optimizations[J]. Computers Ops Res,1995,22(1):111—134.

[16]吴悦,汪定伟.用遗传/禁忌搜索混合算法求解可变加工时间的调度问题[J].控制与决策,1998,13(1),428－432.

[17]彭志刚,吴广字,杨艳丽,等.一机两流的连铸生产计划模型与算法[J].东北大学学报,2000,21(3),244－246.

[18]J H Chen, L C Fu, M H Lin, et al. Petri-net and GA Based Approach to Modeling, Scheduling, and Performance Evaluation for Wafer Fabrication[J]. IEEE Transaction on Robotics and Automation, 2001,17(5):619－636.

[19]王笑蓉,吴铁军.基于 Petri 网仿真的柔性生产调度-蚁群-遗传递阶进化优化方法[J].浙江大学学报(工学版),2004,38(3):286－291.

[20]郑锋,孙树栋,吴秀丽.基于遗传算法和模型仿真的调度规则决策方法[J].计算机集成制造系统,2004,10(7):808－814.

[21]蔡宗琰,王宁生,等.基于赋时可重构 Petri 网的可重构制造系统调度算法[J].西南交通大学学报,2004,39(3):341－344.

[22]Ibrahim K,Boleslaw M,Khalid K, et al. Minimizing cycle time and group scheduling, using Petri nets a study of heuristic methods[J]. Journal of Intelligent Manufacturing, 2003, 14:107－112.

[23]熊惠明,徐国华.用 Petri 网实现 FMS 负载平衡调度[J].现代生产与管理技术,成组技术与生产现代化,2004,21(1):28－31.

[24]Johnson S M. Optimal Two-and Three-stage Production Schedules with Set-up Times Included[J]. Nav. Res. Logist. Q.,1954(1):61－68.

[25]Jackson J R. Scheduling a Production Line to Minimize Maximum Tardiness, Research Report [J]. Management Sciences, Research Project,UCLA, 1955.

[26]Smith W E. Various Optimizers for Single State Production[J]. Nav. Res. Logis. Q.,1956(3):59－66.

[27]Story A. E,Wagner H M. Computational Experience with Integer Programming for Job-shop Scheduling [J]. Industrial Scheduling, Chap. 14,Prentice-Hall,New York,1963.

[28]Gere W S. Heuristics in Job Shop Scheduling[J]. Mgmt. Sci.,1966, 13(3):167－190.

[29]Gavett J W. Three Heuristic Rules for Sequencing Jobs to a Single Production Facility[J]. Mgmt. Sci.,1965,11:B166－B176.

[30]Mellor. A Review of Job Shop Scheduling[J]. Operational Research Quarterly, 1966,17(2):166－171.

[31]Conway R W,Maxwell W L,Miller LW. Theory of Scheduling[M]. Addisn WesIey,Reading,Mass,1967.

[32]Lenstra J K,Rinnooy Kan A H,Gand Brucker P. Complexity of Machine Scheduling Problems[J]. Ann. Discrete. Math. ,1977(1):343—362.

[33]Teofilo Gonzalez and Sartaj Sahni Flowshop and Job shop Schedules: Complexity and Approximation[J]. Ops. Es, 1978,26(1): 36—52.

[34]CamPbell H G,Dudek R A,Smith M L. A Heuristic Algorithm for the Shop Machine Sequencing Problem[J]. Mgrnt. Sci. , 1970,16: 630—637.

[35]GuPta J N D. An Improved Combinatorial Algorithm for the Flow-shop Scheduling Problem[J]. Ops. Res. , 1971,18:1753—1758.

[36]Baker K R. Introduction to Sequencing and Scheduling[M]. New York:Hohn Wiley & Sons,1974.

[37]Danenbring D G. An Evaluation of Flow-Shop Sequencing Heuristics [J]. Mgmt. Sci. ,1977,23:1174—1182.

[38]Garey M R,Granaln R L,Johnson D S. Performance Guarantees for Scheduling Algorithms[J]. Ops. Res. ,1978,26(1):3—21.

[39]Teofilo Gonzalez,Sartaj Sahili. Flowshop and Job shop Schedules: Complexity and Approximation[J]. Ops. Res. ,1978,26(1):36—52.

[40]Panwalker S,Wafik Iskander. A Survey of Scheduling Rules[J]. Ops. Res. ,1977,25(1):45—61.

[41]StePhen C Graves. A Review of Production Scheduling[J]. Ops. Res. ,1981,29(4):646—675.

[42]Stanley B Gershwin,Rechard R Hildebrant,Rajan Suri,et al. A Control Perspective on Recent Trends in Manufacturing Systems[J]. IEEE Control System Magzine,1986,6(2):3—15.

[43]Browne J. Production Activity Control-a Key Aspect of Production Control[J]. Int. J. Prod. Res. ,1988,26(3):415—427.

[44]Rodammer F A,White K P. A Recent Survey of Production Scheduling[J]. IEEE Transactions on Systems, Man, and Cybernetics, 1988,18(6):841—851.

[45]John E Beigel,James J Davern. Genetic Algorithms and Job Shop Scheduling[J]. Computers and Engineering,1990,19(4):81—91.

[46]Clyde W. Holsapple, Varghese S Jacob. A Genetics Based Hybrid Scheduler forGenerating Static Schedules in Flexible Manufacturing

Contexts[J]. IEEE Transactions on System, Man and Cybernetics. 1993,23(4):953－972.

[47]Colin R Reeves. A Genetic Algorithm for Flowshop Sequencing[J]. Computers Ops. Res. , 1995,22(1):5－13.

[48]Federico Della Croce,Roberto tadei,Giuseppe Volta. A Genetic Algorithm for the Job Shop Problem Computers[J]. Ops. Res. ,1995,22 (1):15－24.

[49]David D Bedworth,James E Bailey. Integrated Production Control Systems Management, Analysis,Design 2E. John Wiley & Sons,1987.

[50]和霆,刘文煌,梁力平. 基于进化算法的一类作业车间调度[J]. 计算机集成制造系统,2001,7(1).

[51]Sergio Cavalieri, Paolo Gaiardelli. Hybrid genetic algorithms for a multiple-objective scheduling Problem[J]. Journal of intelligent Manufacturing,1998,9:361－367.

[52]Dagli C H,Schietholt K. Evaluating the Performance of the Genetic Neuro-scheduler Using Constant as Well as Changing Crossover and Mutation Rates[J]. Computers and engineering,1997,33:253－256.

[53]Dagli C H,Sittisathanchsi S. Genetic Neuro-scheduler：A New Appoach for Job Shop Scheduling[J]. Int. J. Production Economics, 1995,41:135－145.

[54]Tadshiko Murata, Hisao Ishibuling,HideoTanka. Multi-objective Genetic Algorithm and Its Application to Flowshop Scheduling[J]. Computers and Engineering,1996,30(4):957－968.

[55]Ponnambalm S G,Ramkumar V,Jawahar N. A Multi-objective Genetic Algorithm for Job Shop Scheduling[J]. Production Planning & Control,2001,12(8):764－774.

[56]Kenneth N M, Vincent C S W. Unifying the Theory and Practice of Production Scheduling[J]. Journal of Manufacturing Systems,1999, 18(4)：241－255

[57]吴启迪,严隽薇,张浩. 柔性制造自动化的原理与实践[M]. 北京:清华大学出版社,1997.

[58]张毅. 制造资源计划 MRP-2 及其应用[M]. 北京:清华大学出版社,1997.

[59]Wei Tan,Behrokh Khoshnevis. Integration of Process Planning and Scheduling a Review[J]. Journal of intelligent Manufactruing,2000, 11:56－61.

[60]Hankins S L,Wysk R A,Fox K R. Using a CATS Database for Alterative Machine Loading[J]. OJournal of Manufacturing Systems,1984,3:115－120.

[61]Nabil Nasr,EISayed E A. Job Shop Scheduling with Alterative Machines[J]. INT. J. PROD. RES. ,1990,28(9):1959－1609.

[62] Gindy N N, Saad S M, Yue Y. Manufacturing Responsiveness Through Integrated Process Planning and Scheduling[J]. INT. J. PROD. RES. ,1999,37(11):2399－2418.

[63]Lasserre J B. An Integrated Model for Job-shop Planning and Scheduling[J]. Management Science,1992,38(8):1201－1211.

[64]Balogun O O,PopPlewell K. Towards the Integration of Flexible Manufacturing System Scheduling[J]. INT. J. PRDD. RES. ,1999,37(15):3399－3428.

[65]Mnmin Song,Tzyh Jong Tarn,Ning Xi. Integrated Hybrid System for Planning and Control of Concurrent Task in Manufacturing Systems[C]. In：Proceedings of the 1998 IEEE Iinternational Conference on Robotics & Automation. Leuven:Beiglum. 1998,1992－1997.

[66]Zhang Y F,Ma G H, Nee A Y C. Modeling Process Planning Problems in an Optirnization Perspective[C]. In：Proceedings of the 1999 IEEE International Conference on Robotics & Automation. Dertoit：Michigan. 1999. 1764－1769.

[67]陈伟达,达庆利,王愚.工艺路线可变的车间作业调度的杂合遗传算法[J].东南大学学报(自然科学版),2000,30(6):71－74.

[68]Kim K H,Egbelu P J. Scheduling in a Production Environment with Multiple Process Plan Per Job[J]. INT. J. PROD. RES,1999,37(12):2725－2753.

[69]Mohamed N S. Operations Planning and Scheduling Problems in an FMS：an Integrated Approach[J]. Computers and Engineering,1998,35:443－446.

[70]Juichin Jiang,Mingying Chen. The Influence of Alternate Process in Job Shop Scheduing[J]. Computers and Industrial Engineering,1993,25:263－266.

[71]Detand J,Kruth J P,Kempenaers J. A Computer Aided Process Planning System that Increases the Flexibility of Manufacturing [J]. IPDES (Espirit Project 2590) Workshop,1992.

[72]Chunwei Zhao，Zhiming Wu. A Genetic Algorithm Approach to the Scheduling of FMSs with Multiple Routes [J]. The International Journal of Flexible Manufacturing Systems，2001，13：71—88.

[73]Al-Ahmari A M A，Ridgway K. An Integrated Modeling Method to Support Manufacturing System Analysis and Design[J]. Computers in Industry，1999(38)：308—314.

[74]Scholz-Reiter B，Stichel E. Business Process Modeling[M]. Berlin：Springer-Verlag，1996.

[75]Workflow Management Coalition. The workflow reference model. Technical Report，WfMC TC00 1003，Hampshire：twente,1996.

[76]Lauchukwu J L. Project Management：Shortening the Critical Path [J]. Mechanical Engineering,1990,112(2)：59—60.

[77]Wiest J D. A management guide to PERT/CPM：with GERT/PDM/DCPM and other Networks. 2nd ed. Englewood Cliffs，New Jersey：Prentice Hall,1977.

[78]IDEF3 Process Flow and Object State Description Capture Method Overview，http：//www. idef. com/idef3. html，2004.

[79]James C A. The Strategy of Japanese Business[M]. Boston Consulting Group，1985.

[80]Schomig A K，Rau H. A Petri Net Approach for the Performance Analysis of Business Processes[J]. 1995.

[81]Abraham Silberschatz，Henry F,Korth S Sudarshan. Database System Concepts[M]. 3rd ed. BeiJing：China Machine Press，2002.

[82]Coad/Yourdon An object oriented analysis and design methodology，developed by Edward Yourdon and Peter Coad，http：//computing～dictionary. the freedictionary. com/Coad/Yourdon，2004.

[83]Rumbaugh J，Blaha M，Premerlani W,et al. Object Oriented Modeling and Design[M]. Englewood Cliffs，N J：Prentice Hall，1991.

[84]Ovidiu S. Noran. Business Modelling：UML vs. IDEF，http：//www. cit. gu. edu. au/～noran/. cit_6114，2000～05.

[85]Kim，Weston，Richard H，et al. The Complementary Use of IDEF and UML Modeling Approaches[J]. Computers in Industry，2003,50 (1)：35—56.

[86]Dorador J M，Young R I M. Application of IDEFO，IDEF3 and UML Methodologies in the Creation of Information Models[J]. In-

ternational Journal of Computer Integrated Manufacturing，2000，13
(5)：430—445.

[87]Hadivi K,et al. An Architecture for Real Time Distributed Scheduling. FAMILI A，et al. Artificial Intelligence Applications in Manufacturing[M]. Melo Park CA USA：AAAI Press/MIT Press,1992：215—234.

[88]Burke P，Prosser P. The Distributed Asynchronous Scheduler. ZWEBEN M，et al. Intelligent Scheduling[M]. CA，USA：MORGAN Kaufmann，1994;309—339.

[89]Parunak H V D，et al. AARIA Agent Architecture：an Example of Requirements Driven Agent-system Design[M]. New York，USA：Proceedings of 1st Int. Conf. On Autonomous Agents,ACM,1997：482—483.

[90]Min-Jung Yoo. An Industrial Application of Agents for Dynamic Planning and Scheduling[C]，International Conference on Autonomous Agents Proceedings of the First International Joint Conference on Autonomous Agents and Multi-agent Systems：Part 1,2002，264—271.

[91]凌兴宏,丁秋林,伍贝妮.基于协商的 Multi-Agent 生产计划与调度系统[J].机械科学与技术(西安)，2004,23(2):249—252.

[92]王江,杨家本,等.流程工业通用多智能体系生产计划调度的原型系统[J].计算机集成调度系统——CIMS，2000，6(6):61—65.

[93]熊锐,陈浩勋,胡保生.一种生产计划与车间调度的集成模型及其拉氏松弛求解法[J].西安电子科技大学学报,1996,23(4):510—516.

[94]Anwar M F,Nagi R. Intergrated Lot-sizing and Scheduling for Just-in-time Production of Complex Assemblies with Finite Set-up[J]. Internal Journal of Production Research，1997，35(5):1447—1470.

[95]熊红云,何钺.面向柔性生产线的分批与调度集成模型及其遗传启发算法[J].长沙铁道学院学报,2001,19(1):51—55.

[96]张晓东,严洪森.一类 Job-shop 车间生产计划和调度的集成优化[J].控制与决策,2003,18(5):581~584.

[97]Sekiguchi Y. Optimal Scheduling a GT-type Flow-shop Under Series-parallel Precedence Constaints[J]. Journal of the Operations Research Society of Japan，1983，26:226—251.

[98]Vickson R G，Alfredson B E. Two and Three Machine Flow Shop Scheduling Problems with Equal Sized Transfer Batches[J]. Interna-

tional Journal of Production Research，1992，30：1551—1574.

[99]Mac Carthy B L，Liu J. Address the Gap in Scheduling Research：a Review of Optimization and Heuristics Methods in Production Scheduling[J]. International Journal of Production Research，1993,31(1)：59—79.

[100]武振业. 成组生产系统的生产量和生产顺序的优化研究[J]. 西南交通大学学报,1986(3):57—67.

[101]周国华,赵正佳.成组生产计划与调度的集成模型及遗传优化[J]. 西南交通大学学报,2003,38(3):345—348.

[102]Riane F,Artiba A，Iassinovski S. An Integrated Production Planning and Scheduling System for Hybrid Flow Shop Organization[J]. International Journal of Production Economics，2001,74:33—48.

[103]Omar Moursli. Production Planning and Scheduling of a Hybrid Flow Shop Doctor Dissertation. http://edoc. bib. ucl. ac. be:81/ETD-db/collection/available/BelnUcet-11262003—101952/.

[104]Zhao C W,Wu Z M. A Genetic Algorithm Approach to the Scheduling of FMSs with Multiple Routes[J]. Journal of Heuristics，2004,10:269—292.

[105]Jia H Z,Nee A Y C,et al. A modified Genetic Algorithm for Distributed Scheduling Problems[J]. Journal of Intelligent Manufacturing,2003,14:351—362.

[106]Tang L X,Liu J Y. A modified Genetic Algorithm For the Flow Shop Sequencing Problem to Minimize Mean Flow Time[J]. Journal of Intelligent Manufacturing，2002，13:61—67.

[107]George C,Velusamy S. Dynamic Scheduling of Manufacturing Job Shops Using Genetic Algorithms[J]. Journal of Intelligent Manufacturing，2001,12:281—293.

[108]Cheung W M,Zhou H. Using Genetic Algorithms and Heuristics for Job Shop Scheduling with Sequence-Dependent Setup Times[J]. Annals of Operations Research，2001，107:65—81.

[109]Oguz C,Fung Y F,et al. Parallel Genetic Algorithm for a Flow Shop Problem with Multiprocessor Tasks[J]. ICCS 2003，LNCS 2659,2003,548—559.

[110]Qi J G,Bruns G R,Harrison D K. The Application of Parallel Multi-population Genetic Algorithms to Dynamic Job Shop Scheduling[J].

The International Journal of Advanced Manufacturing Technology，2000，16：609－615.

[111]Wang L，Zhang L，Zheng D Z. The Ordinal Optimization of Genetic Control Parameters for Flow Shop Scheduling[J]. The International Journal of Advanced Manufacturing Technology，2004，23：812－819.

[112]薛伟，蒋祖华. 工业工程概论[M]. 北京：机械工业出版社，2009.

[113]易树平，郭伏. 基础工业工程[M]. 北京：机械工业出版社，2014.

[114]http：//wenku. baidu. com/view/bc2047ee172ded630b1cb6e8. html.

[115]http：//baike. baidu. com/view/9674. htm.

[116] Groover M P. Fundamentals of Modern Manufacturing：Materials，Processes，and Systems [M]. New York：John Wiley & Sons，2002.

[117]周小非. 制造流程规划中多层次分析框架体系应用研究[D]. 天津：天津大学，2006.

[118]http：//wenku. baidu. com/view/ccc18722dd36a32d73758184. html? re＝view.